『中国饭碗』丛书

丛书主编　师高民

生命之源·水稻

徐润　陈平平　编著

『十四五』时期国家重点出版物出版专项规划项目

南京出版社
南京出版传媒集团

图书在版编目（CIP）数据

生命之源·水稻 / 徐润, 陈平平编著. -- 南京：南京出版社, 2023.10
（"中国饭碗"丛书）
ISBN 978-7-5533-4338-9

Ⅰ. ①生… Ⅱ. ①徐… ②陈… Ⅲ. ①水稻—青少年读物 Ⅳ. ①S511-49

中国国家版本馆CIP数据核字（2023）第153473号

丛 书 名 "中国饭碗"丛书
丛书主编 师高民
书　　名 生命之源·水稻
作　　者 徐　润　陈平平
绘　　图 赵家祥　齐孝华
出版发行 南京出版传媒集团
南 京 出 版 社

社址：南京市太平门街53号　　邮编：210016
网址：http://www.njcbs.cn　　电子信箱：njcbs1988@163.com
联系电话：025-83283893、83283864（营销）　025-83112257（编务）

出 版 人 项晓宁
出 品 人 卢海鸣
责任编辑 杨传兵
装帧设计 赵海玥　王　俊
责任印制 杨福彬

制　　版 南京新华丰制版有限公司
印　　刷 南京凯德印刷有限公司
开　　本 787毫米×1092毫米　1/32
印　　张 3.875
字　　数 57千
版　　次 2023年10月第1版
印　　次 2023年10月第1次印刷
书　　号 ISBN 978-7-5533-4338-9
定　　价 28.00元

用微信或京东APP扫码购书

用淘宝APP扫码购书

编委会

特邀顾问

郄建伟　洪光住　曹幸穗　任高堂　娄源功　戚世钧
卞　科　刘志军　牛进平　张成志　孙云茂　王发明
李　昭　李景阳　王凤成　何东平　郑邦山　王云龙
高志信　刘红霞　李志富　常兰州　惠富平　魏永平
苏士利　闫新善　冯伯利　李建成　赵　奕　任罗乐
倪　婉　潘　力　蓝韶清　张　凌　张永太　张　华

主编单位

河南工业大学　中国粮食博物馆
河南省首席科普专家师高民工作室

支持单位

中国农业博物馆
西北农林科技大学
隆平水稻博物馆
银川市粮食和物资储备局
苏州农业职业技术学院
湖南农业大学
郑州大学
沈阳师范大学
中国农业大学
武汉轻工大学
山东商务职业学院
西南民族大学

总序

"Food for All"（人皆有食），这是联合国粮食及农业组织的目标，也是全球每位公民的梦想。承蒙南京出版社的厚爱，我有幸主编"中国饭碗"丛书，深感责任重大！

"中国饭碗"丛书是根据习近平总书记"中国人的饭碗任何时候都要牢牢端在自己手中，我们的饭碗应该主要装中国粮"的重要指示精神而立题，将众多粮食品种分别著述并进行系统组合的系列丛书。

粮食，古时行道曰粮，止居曰食。无论行与止，人类都离不开粮食。它眷顾人类，庇佑生灵。悠远时代的人们尊称粮食为"民天"，彰显芸芸众生对生存物质的无比敬畏，传达宇宙间天人合一的生命礼赞。从洪荒初辟到文明演变，作为极致崇拜的神圣图腾，人们对它有着至高无上的情感认同和生命寄托。恢宏厚重的人类文明中，它见证了风雨兼程的峥嵘岁月，记录下人世间纷纭精彩的沧桑变迁。粮食发展的轨迹无疑是人类发展的主线。中华民族几千年农耕文明进程中，笃志开拓，筚路蓝缕，奉行民以食为天的崇高理念，辛勤耕耘，力田为生，祈望风调雨顺，粮丰廪实，向往山河无恙，岁月静好，为端好养育自己的饭碗抒写了一篇篇波澜壮阔的辉煌史诗。香火旺盛的粮食家族，饱经风雨沧桑，产生了众多优秀成员。它们不断繁衍，形成了多姿多彩的粮食王国。“中国饭碗”丛书就是记录这些艰难却美好的文化故事。

我国古代曾以“五谷”作为全部粮食的统称，主要有黍、稷、菽、麦、稻、麻等，后在不同的语境中出现了多种版本。在文明的交流融汇中，各种粮食品种从中东、拉美和中国逐步播撒五洲，惠泽八方。现在人们广泛称谓的粮食是指供食用的各种植物种子的总称。

随着人类社会的发展、科技的进步和人们对各种植物的进一步认识，粮食的品种越来越多。目前，按照粮食的植物属性，可分为草本粮食和木本粮食，比如，水稻、小麦、大豆等属于草本粮食；核桃、大枣、板栗等则是木本粮食的代表。按照粮食的实用性划分，有直接食用的粮食，比如，小麦、水稻、玉米等；也有间接食用的粮食，比如说油料粮食，包括油菜籽、花生、葵花籽、芝麻等。凡此，粮食种类不下百种，这使得“中国饭碗”丛书在题材选取过程中颇有踌躇。联合国粮食及农业组织（FAO）指定的四种主粮作物首先要写，然后根据各种粮食的产量大小和与社会生活的密切程度进行选择。丛书依循三类粮食（即草本粮食、木本粮食和油料粮食）兼顾选题。

对于丛书的内容策划，总体思路是将每种粮食从历史到现代，从种植到食用，从功用到文化，叙写各种粮食的发源、传播、进化、成长、布局、产能、生物结构、营养成分、储藏、加工、产品以及对人类和社会发展的文化影响等。在图书表现形式上，力求图文并茂，每本书创作一个或数个卡通角色，贯穿全书始终，提高其艺术性、故事性和趣味性，以适合更大范围的读者群体。力图用一本书相对完整地表达一种粮食的复杂身世和文化影响，为人们认识粮食、敬畏粮食、发展粮食、珍惜粮食，实现对美好生活的向往，贡献一份力量。

凡益之道，与时偕行。进入新时代，中国人民更加关注食物的营养与健康，既要吃得饱，更要吃得好、吃得放心。改革开放以来，我国的粮食产量不断迈上新台阶，2021年，粮食总产量已连续7年保持在1.3万亿斤以上。我国以占世界7%的土地，生产出世界20%的粮食。处丰思歉，居安思危。在珍馐美食和饕餮盛宴背后，出现的一些奢靡浪费现象也令人触目惊心。恣意挥霍和产后储运加工等环节损失的粮食，全国每年就达1000亿斤以上，可供3.5亿人吃一年。全世界每年损失和浪费的粮食数量多达13亿吨，近乎全球产量的三分之一。“一粥一饭，当思来之不易；半丝半缕，恒念物力维艰。”发展生产，节约减损，抑制不良的消费冲动，正成为全社会的共识和行动纲领。

“春种一粒粟，秋收万颗籽”，粮食忠实地眷顾着人类，人们幸运地领受着粮食给予的充实与安宁。敬畏粮食就是遵守人类心灵的律法。感恩、关注、发展、爱惜粮食，世界才会祥和美好，人类才会幸福生活。我们在陶醉于粮食恩赐的种种福利时，更要直面风云激荡中的潜在危机和挑战。历朝历代政府都把粮食作为维系国计民生的首要战略目标，制定了诸多重粮贵粟的政策法规，激励并保护粮食的生产流通和发展。行之有效的粮政制度发挥了稳邦安民的重要作用，成为社会进步的强大动力和保障。保证粮食安全，始终是国家安全重要的题中之义。

国以民为本，民以食为天。在习近平新时代中国特色社会主义思想指引下，全国数十位专家学者不忘初心、精雕细琢，全力将“中国饭碗”丛书打造成为一套集历史性、科技性、艺术性、趣味性为一体，适合社会大众特别是中小学生阅读的粮食文化科普读物。希望这套丛书有助于人们牢固树立总体国家安全观，深入实施国家粮食安全战略，进一步加强粮食生产能力、储备能力、流通能力建设，推动粮食产业高质量发展，提高国家粮食安全保障能力，铸造人们永世安康的“铁饭碗”“金饭碗”！

师高民

（作者系中国粮食博物馆馆长、中国高校博物馆专业委员会副主任委员、河南省首席科普专家、河南工业大学教授）

前言

我离开故乡关中平原已经快二十年了。年少时，是父母亲手种植的粮食养活了我。我先是在富庶的成都平原求学，再到星城长沙工作生活，已经很习惯吃米饭。我的爷爷有过一段在粮站做学徒的经历，据说他总是扯着嗓子报告粮食的重量。我们家的老房子原先是村里面的粮食库房。我大学毕业后在长沙的第一份工作也与水稻结下了不解之缘。在将近半年的时间里，我的工作是在显微镜下观察古遗址中出土的稻谷。一晃我又在隆平水稻博物馆工作快八年了，有幸见证了这个博物馆从无到有的过程，也目睹了众多游客前来博物馆了解水稻的前世、今生和未来。小小一粒稻米关乎着国计民生。

我国为稻作文明古国。世界农业起源有三大中心之说，西亚中心为大麦、小麦的起源地，中美洲中心为玉米的起源地，中国中心为水稻、粟和黍的起源地。在距今八千年的远古时代，我们的祖先开始在长江流域栽培水稻。田水映天，千秋兴替，如今水稻是我国具有本地基因的最重要的粮食作物，小小稻米养活了中华民族一半以上的人口，凝聚了农耕智慧，奠定了文明基石。

中华人民共和国成立后，经过以袁隆平为代表的科学家们不懈的努力，在生态农业等先进技术助推下，我国的水稻生产水平大幅提高，单产节节攀升，生产模式向高效高质转变。我国已实现从吃饱、吃好向追求食用更加安全、健康的转变。

本书内容涵盖水稻的起源，中国古代的稻作技术，中国水稻种植区划，当代水稻生产、储藏和加工到餐桌，稻与中国文化的全链条。通过简洁而全面的阐述，向读者介绍稻作知识和悠久的农耕文化。尽管水稻不是处处可种，米饭也不是人人爱吃的一种食物，但事实上水稻已成为全球最重要的粮食作物，世界半数以上的人口以稻米为主食。

袁隆平院士说：“人就是一粒种子，要做一粒好种子。”期望这本小册子能给读者打开一扇窗，从一粒粒稻米中感悟科学家们粮种济世的大梦想，从劳动人民辛勤耕耘中感知脚踏实地的踏实感与舍我其谁的使命感，从顺应农时中学习时不我待的奋斗精神，从春种秋收中汲取周而复始生生不息的成长力量，开启对身边平常而又重要的农作物的探索欲望和兴趣，为农业这项伟大而又平凡的事业的不断发展贡献力量。

徐　润

目录

嗨，我是稻宝！

我是水稻！我土生土长，追随人类，根植中华，奉献自我，利用人类生生不息，繁衍，扩张，丰硕。

我是人类！我栽培水稻，推广水稻，珍藏水稻，加工水稻，依赖水稻养育自身，成长，精进，壮大。

一、稻意绵长说起源

1.野稻自生

我们所食用的栽培稻在水稻家族中仅占很小的一部分。水稻家族在全世界有超过14万种成员。2001年，国际育种学家库西将这个家族划分为2个栽培种和21个野生种。野生稻是自然生长，未经人类驯化栽培的水稻，主要起源于喜马拉雅山东南麓、唐古拉山山脉和云贵高原。中国是野生稻资源最丰富的国家，品种主要包括疣粒野生稻、药用野生稻和普通野生稻三类。南起海南三亚，北至江西东乡，东起台湾，西至云南盈江，都发现过野生稻。普通野生稻是栽培稻的近缘祖先，经过漫长的进化与驯化成为现代栽培稻。但在驯化过程中，丢失了一些优良的基因。

中国三种野生稻

（1）疣粒野生稻

疣粒野生稻是温暖潮湿具蔽阴生长环境下的短日照草本植物，在中国分布于北回归线以内的热带地区，是培育水稻新品种需要搜集亲源的可以传递遗传物质的野生品种。

（2）药用野生稻

药用野生稻属多年生草本植物，茎直立状或下部匍匐状，高1.5—3米，基部第2—3节上生有发达的不定根，是喜温暖潮湿的短日照植物，生于丘陵林地环境，适宜在荫蔽、腐殖质丰富的肥沃沙壤土上生长。在中国，药用野生稻零星分布于广东、广西、云南的部分地区。

（3）普通野生稻

普通野生稻为多年生水生草本植物，秆高约1.5米。普通野生稻属于渐危物种，是水稻的近缘祖先。它与栽培籼稻极为相似，均具AA型染色体组，亲和性好，杂交结实率高，是育种可利用的亲源。普通野生稻在中国南方分布较广，变异类型十分丰富。

2. 栽培稻的起源地

栽培的稻种是经过自然选择和人类的长期选择，从野生稻种演变来的，有亚洲栽培稻和非洲栽培稻两个种。中国是栽培稻发展历史最长的国家之一，相关研究表明，距今2000年以上的水稻考古遗址有500余处，密集分布在长江流域和黄河中下游地区。依据测年数据，距今1万年前后的水稻遗存主要分布在长江中游的湖南道县玉蟾岩遗址，湖南澧县的城头山遗址，长江下游的浙江上山遗址和河姆渡遗址。有专家考证后认为，长江中游和下游是水稻驯化、演化的中心，是水稻由南向北传播的重要“中转地”。

在人类农业活动的早期，先祖们没有采集散落在地上的稻谷，而是选择收割结穗饱满且尚未脱落的谷穗。这些被挑选的稻谷偶尔撒落在地，会形成谷粒不易脱落的稻子群落。熟悉了稻米生长规律后，先祖们开始有意识尝试播种。代复一代，稻米“不脱落”的特性不断强化，终于成为栽培稻。经过驯化的栽培稻，谷粒变大，芒变短甚至无芒，茎秆再生能力弱，甚至丧失了再生能力。种子没有休眠期，成熟整齐，播种期伸缩性大，发芽率高，成熟后可以一次收割，产量更高。

（1）湖南道县玉蟾岩遗址人工栽培水稻

在距今13000—15000年的湖南道县玉蟾岩遗址，发现了疑似人工栽培的野生稻谷的谷壳标本，这表明此时人们已经有意识地采集野生稻并加以种植来作为他们的食物。

（2）浙江浦江上山遗址稻谷遗存

在距今9000—10000年的浙江浦江上山文化遗址，发现夹炭陶器的胎土中羼和了大量的稻壳、稻叶，还发现了稻米遗存。这些谷粒的长度比野生稻短，宽度比野生稻大，可能是经过人类选择的早期栽培稻。

（3）浙江余姚河姆渡遗址稻谷堆积层

在浙江余姚河姆渡遗址，发现了距今约7000年的水稻种植遗迹。在考古发掘的探坑中，发现多处20—50厘米厚的稻谷、谷壳、稻叶、稻秆和木屑、苇编交互混杂的堆积层。经专家鉴定，属栽培水稻的原始粳、籼混合种，以籼稻为主。这些距今约7000年的稻谷保存完好，内外颖清晰可分，内外颖上纵脉隆起明显，颖壳上的稃毛分布均匀，排列较整齐，长短一致。

3. 稻香传万年

早在1万多年前，人类驯化并栽培水稻。历史学家认为，中国长江中下游地区是世界上最早种植并食用稻米的地区。从技术史的角度看，古往今来，水稻栽培经历了从“刀耕火种”到“精耕细作”，从传统的常规栽培稻到高产杂交稻的历史性飞跃。在这个历史进程中，生产工具的革新凝聚着劳动人民的智慧，造就了灿烂悠久和源远流长的农业文明。

（1）脚耕手种

远古先民刚刚学会辨认谷物的时候，并不知道锄地，更谈不上犁耕。这个时期，他们采用的是“脚耕手种”或“徒手而耕”。傣族创世史诗《巴塔麻嘎捧

傣族创世史诗

《巴塔麻嘎捧尚罗》——传说中的水稻来源

谷种从天而降

变成雀鸟食物

雀鸟粪便落在水沟边

粪便中的种子开始发芽

结出谷穗

人们拾到谷穗

随意播撒

没有长出庄稼

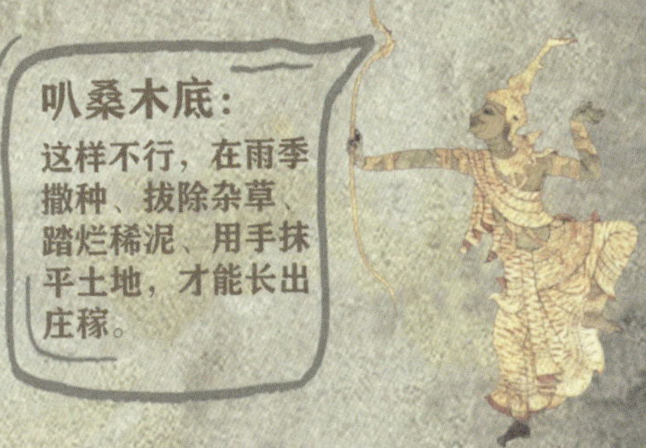

雨季撒种

拔除杂草

踏烂稀泥

抹平泥土

禾苗茁壮成长

尚罗》记载，天神的谷种从天而降，飘落人间，大的谷粒被狂风吹碎，变成小颗粒，成了雀鸟、老鼠的食物。雀鸟、老鼠粪便中的谷粒，掉在水沟边，发芽长苗，结出谷穗。人们拾到谷穗后，随意播撒，但却长不出庄稼。后来叭桑木底告诉大家，要根据神划分的季节，在雨季撒种，把谷种撒在潮湿的地里，叭桑木底又教会人们“先把杂草除去，用脚踏烂稀泥，用手抹平泥土”。在远古没有畜力也没有金属工具的情况下，这应当是最原始的种植方法了。现在东南亚一些民族和地区，仍然保留着这种耕作方式。当然，这种脚耕手种的方法艰辛而又效率低。

（2）耜耕锄耕

到了原始农业早期，生产水平发展到一定阶段之后，人类开始制作农具，渐渐发明了石锄、石铲、耒耜一类典型的翻土工具。当时人类通过采集、狩猎获得食物，用尖木棒挖掘植物、进行点种，将水稻种子放入坑中，再覆盖，完成播种。在尖木棒上绑一根横木，用来脚踏，就是最初的耒。把木棒的一端削成扁平刃，或者在木棒上装一块木质或骨质的板状刀片，就成了最初的耜。由于木质的耒耜不易留存，考古发掘出土的多是骨耜和石耜。

（3）踏耕

先秦时期是一个由原始农业到传统农业的过渡时期，逐渐从自然耕种过渡到了畜力耕种。先民们在不断适应自然环境的过程中，慢慢摸索出了“踏耕”的方式。著名稻作史专家游修龄先生经过系统考证后认为，先秦时期的百越先民有时在大象践踏的泥泞地播种稻谷，有时驱赶大象在田块中来回踏踩。再后来，先民们有意识地饲养牛，然后驱赶牛到放水的田块中来回踏踩，杂草被压入土中腐烂，土壤变成泥浆，这种方法俗称“牛踏田”。在广大的南方稻作文化圈，曾普遍使用牛踏耕这种方式。在考古发现的新石器时代稻作遗存中，几乎都有牛骨出土。许多民族在20世纪50年代之前，都曾有过“牛踏田”，今天在云南及泰国的一些地方仍然存在这种方式。

（4）犁耕牛耕

我国犁耕最早出现是在新石器时代的浙江吴兴邱城地区。考古发现表明，良渚文化时期石犁逐渐增多，到了春秋战国时期，铁制农具开始出现，并逐渐代替石制、木制农具，铁犁牛耕演变为中国传统农业的主要耕作方式。值得一提的是，唐朝前期出现了曲辕犁（又称“江东犁”），它操作起来灵活方便，特别适用于土质黏重、田块较小的江南水田，对江南地区农业的发展起了很大的促进作用。明清时期，我国人口大幅增长，铁搭取代了曲辕犁的地位，这是由于曲辕犁依赖畜力，而铁搭依靠人力。

（5）直播与移栽

水稻直播是一种原始的栽培方式，主要包括整地、浸种催芽、播种、除草、灌溉等环节；而水稻移栽作为一种更加精细的栽培方式，涵盖了育秧、拔秧和插秧等工序。

原始的刀耕火种就是一种直播形式。先民焚而不耕，再撒种，或用耒耜点种。乘桴播刈也属于直播栽培方式。早先，我国江淮地区易洪水泛滥，每逢冬春枯水期，人们在濒水地带和河岸开垦田地，初夏涨水时节，农人划着小船漫撒种子，等到水流退去，禾苗也长出来了。这样一来，人们巧妙地跟自然和谐相处，增加了一季早稻收成。如今随着劳动力成本增高，全球水资源短缺，以及智慧农业时代的来临，直播稻省时省力的优点愈发凸显。

育秧移栽是水稻栽培技术史上的重大突破。考古出土的东汉陶水田模型和农夫插秧俑，证明了东汉时期长江流域地区已经开始推行移栽。唐宋之前直播是一种普遍现象。宋代全面普及了水稻育秧移栽。这种技术更加精细，确立了精耕细作的水稻生产方式。水稻的单产也大幅提升。

（6）古代灌溉技术

水利兴则农业兴，如古人说“衣则成人，水则成田”。历史上，灌溉技术促进了农业的革命。人们通过兴修水利、提高灌溉能力来扩大水稻的种植面积。

①陂塘

我国最早的大型陂塘蓄水工程，出现在淮河流域，这就是位于河南固始的期思陂，这也是我国最早用于农田灌溉的大型农田水利工程。在汉代，掌管大量田地的豪族地主流行修建陂塘，考古发现的汉墓中，就出土了数量较多的陶质陂塘水田模型。

②翻车

翻车对我国农业发展做出了巨大贡献。翻车在汉代出现以后，很长一段时间没有得到普及。到隋唐时期，随着南方圩田的兴起，翻车得到了推广，唐代出

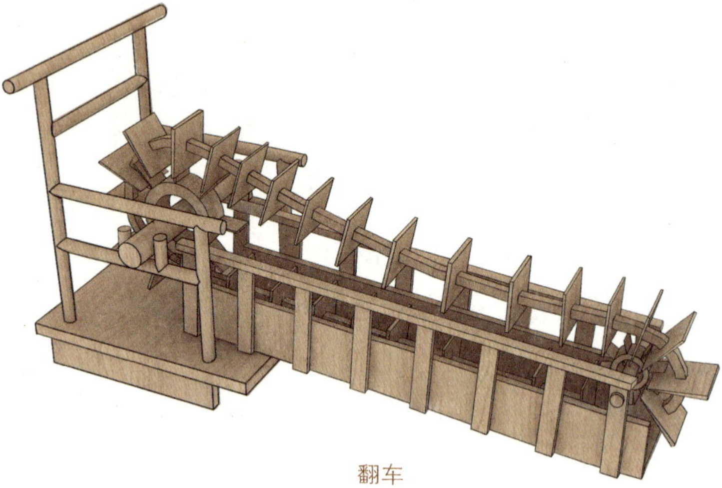

翻车

现了“牛转水沉”。宋代，在浙江、江苏和福建等地，翻车被广泛利用于抗旱、排涝、高田提灌和低田排水等方面，这时的翻车不仅有手摇、脚踩的人力翻车，还有畜力、风力、水力的翻车。元明时期，又出现了风力水车。其中，人力翻车应用最为普及，这种人力翻车也被称为“龙骨水车”。电力抽水机推广以前，我国农村普遍使用龙骨水车。

③圩田

唐宋以后，南方人口增加，土地资源变得紧张。在适应自然的条件下，圩田获得了广泛推广。在一大片低洼地四周筑堤，既能挡水也能护田；堤上设闸排灌，配合龙骨水车使用，这种田就是圩田（又称“围田”）。早在春秋时期，太湖地区已经出现了事实上的圩田。从战国至南朝，圩田活动不断发展，呈现分散围垦形式。到唐代，进入了有计划的塘浦圩田建设新阶段。五代时期，太湖地区塘浦圩田体系日趋完善，这很好地解决了蓄洪排涝问题，促进了当地农业的发展，也使得太湖地区成为当时全国最富庶的地区。

4. 杂交水稻誉满全球

自古以来，水稻一直是我国民众赖以生存的主要粮食作物。杂交水稻是现代农业科技的重大成就之一。2022年11月12日，国家主席习近平向“杂交水稻援外与世界粮食安全”国际论坛发表的书面致辞：“粮食安全是事关人类生存的根本性问题。半个世纪前，杂交水稻在中国率先成功研发并大面积推广，助力中国用不足全球9%的耕地，解决世界近五分之一人口的吃饭问题，成为世界第一大粮食生产国和第三大粮食出口国。”从20世纪60年代至1995年，我国先后发明了“三系法”和“两系法”杂交水稻。而后，我国选育出了一系列“超级稻”品种，并不断刷新世界水稻高产纪录，先后实现了百亩片平均亩产700公斤、800公斤、900公斤和1000公斤的攻关目标，2017年，超级杂交稻高产攻关亩产超1100公斤。2023年是中国攻克杂交水稻难关50周年，杂交水稻发展方兴未艾，立足种业技术创新体系，力争实现新突破，为打好种业翻身仗做出更大贡献。

20世纪60年代初，湖南安江农校的青年教师袁隆平受一株具有显著杂种优势的天然杂交水稻的启发，挑战自花授粉作物没有杂种优势的学说，率先在籼稻中开展雄性不育的研究，并于1966年发表了第一篇论文——《水稻的雄性不孕性》，这篇论文奠定了袁隆平国内杂交水稻研究开山祖师的地位。而后，他相继研究成功了“三系法”和“两系法”杂交水稻，并大面积推广应用，为水稻高产做出了不朽的贡献。

杂交水稻在不同阶段的发展主要得益于两驾马车的驱动——创新和协作精神。“三系法”和“两系法”杂交水稻育种方法由繁到简，效率越来越高，优势愈发凸显。中国科学家在“三系法”杂交水稻的研究和应用中突破了重重难关。1960年，袁隆平在实验田里发现了一株“鹤立鸡群”的天然杂交稻，这让他认识到水稻存在雄性不育株。袁隆平阅读了大量遗传学资料，躬耕田野，探索出“三系法”技术路线，培育不育系、保持系和恢复系，实现“三系”配套。找到不育株是其中的第一步。袁隆平和他在安江农校的学生，不畏酷暑，拿着放大镜逐个观察试验田中一株株水稻短暂开放的一朵朵稻花，堪比“大海捞针”，终于在1964年发现了概率仅为五万分之一的雄性不育株，有力证实了他有能力将提出的“三系”配套理论变成现实。然后，全国多家水稻育种单位协作培育雄性不育保持系，历时六年没能成功。直到1970年，袁隆平的学生李必湖在海南三亚南红农场沼泽地的普通野生稻群中发现了野生的雄性不育株，定名“野败”。随后乘胜追击，在此关键时期，国内开展多期杂交水稻协作组。1972年，第一个水稻雄性不育系及其保持系“二九南1号”问世，至此才突破雄性不育保持系培育的难关。从1972年冬天开始，全国十多个省份的科研人员协作攻克恢复系选育的难关，进行了大量试验，找到了对雄性不育恢复较好的“泰引1号”等材料，并于1973年实现了“三系”配套。1976年，中国开始大面积推广应用杂交水稻，领先世界各国，成功利用水稻杂种优势提高了水稻单产。三系法籼型杂交水稻于1981年获国家发明奖特等奖。

“两系法”杂交水稻只需不育系和恢复系即可利用杂种优势。这项技术创新来自科学家发现的两种自然不育株。第一种为光敏不育，在长日照高温条件下进行杂交制种，短日照低温条件下进行不育系自我繁殖。第二种为温敏不育，在高温条件下雄性不育，低温条件下则雄性可育。科学家敏锐地认识到这两种天然不育水稻能够革新杂交水稻育种技术，于是开展了又一次的协作攻关，1995年在全国两系法杂交水稻“863”计划的框架指导下，成功研究出“两系法”杂交水稻。

就在世界多个国家争相研究超高产水稻、寻找突破之际，1996年，中国农业部正式启动“超级稻育种计划”。提出在2000年单季实现亩产700公斤，2005年实现亩产800公斤，2015年实现亩产900公斤和2020年亩产1000公斤的四期目标。以袁隆平为代表的科研人员不辞辛苦，攻坚克难，通过品种改良和栽培技术的进步，超级稻四期目标逐一按期或提前实现。科学技术发展无止境，超级稻仍然有巨大的增产潜力，未来产量仍有提高的空间。

袁隆平心系“禾下乘凉梦”和“杂交水稻覆盖全球梦”，为中国人牢牢端住中国饭碗奋斗终生，使我国杂交水稻研究始终居于世界领先地位。杂交水稻在中国首先培育成功并大面积推广，成为世界农业发展史上的一大创举。这一成果迅速转化为生产力，不仅极大地推动了中国粮食增产，也引起了世界普遍关注，杂交水稻以其极具高产的特征被冠以“东方魔稻”。中国科学家秉持“发展杂交水稻，造福世界人民”的宗旨，自1979年起，杂交水稻开始走出国门，袁隆平等中国农业科学家奔赴海外，通过开设国际培训班、举办国际学术研讨会和国外试种等多种形式，将杂交水稻技术推广传到世界各地。至今已有70多个国家试种和推广了杂交水稻。

2021年5月22日，“杂交水稻之父”袁隆平在湖南长沙逝世。袁隆平院士的科学家精神和他杂交水稻研究的成就彪炳史册，收获了至高无上的赞誉。

“袁（隆平）正引导我们走向一个丰衣足食的世界……他增产的粮食实质上降低了人口增长率。他在农业科学的成就击败了饥饿的威胁。他把西方国家抛到了后面，成为世界上第一个成功地利用了水稻杂种优势的伟大科学家。”

——美国著名农业经济学家唐·帕尔伯格

“我们把袁隆平先生称为‘杂交水稻之父’，因为他的成就不仅是中国的骄傲，也是世界的骄傲。他的成就给人类带来了福音！”

——国际水稻所所长斯瓦米纳森博士

“在世界上率先培育成功并广泛种植的杂交水稻在中国引发了一场水稻生产革命，使水稻产量在一个世纪中增加了两倍。杂交水稻由此从亚洲、非洲到美洲广泛传播，养活了数以千万计的人口。”

——世界粮食奖基金会

“毕生梦想消除饥饿——袁隆平：他是一位真正的耕耘者。当他还是一个乡村教师的时候，已经具有颠覆世界权威的胆识；当他名满天下的时候，却仍然只是专注于田畴，淡泊名利，一介农夫，播撒智慧，收获富足。他毕生的梦想，就是让所有的人远离饥饿。喜看稻菽千重浪，最是风流袁隆平。”

——2004年度“感动中国”颁奖词

袁隆平院士永远是我们学习的榜样。习近平主席高度肯定袁隆平同志为我国粮食安全、农业科技创新、世界粮食发展作出的重大贡献，并要求广大党员、干部和科技工作者向袁隆平同志学习，强调我们对袁隆平同志的最好纪念，就是学习他热爱党、热爱祖国、热爱人民，信念坚定、矢志不渝，勇于创新、朴实无华的高贵品质，学习他以祖国和人民需要为己任，以奉献祖国和人民为目标，一辈子躬耕田野，脚踏实地把科技论文写在祖国大地上的崇高风范。

二、稻香满华夏

1. 全球和中国水稻产量

全球水稻播种面积为1.6亿公顷，总产量超过7.5亿吨，在亚洲、非洲、美洲、欧洲和大洋洲五大洲均有种植。在全球水稻播种总面积中，亚洲占比90%以上，我国水稻播种面积在全球占比18.5%，仅次于印度；全球水稻总产量中，亚洲最多，占比90%以上，水稻总产量最高的国家是中国，在全球占比28.5%。

水稻是我国主要粮食作物之一，是最重要的口粮作物。20世纪70年代中期，我国水稻种植面积达到最高峰——3700万公顷，目前种植面积已不足3000万公顷，其中，2021年种植面积为2992.1万公顷，稻谷产量为21284.24万吨；2022年种植面积为2945万公顷，稻谷产量为20849.48万吨。尽管种植面积较最高峰期有所下降，但由于杂交稻、超级稻的推广种植，稻谷总产量反而呈上升趋势。

2. 中国水稻种植区划

我国水稻种植区域分布很广，与种植地的气候条件（主要是光照、温度和水分条件）相适应形成了多样的稻作制度。如单季稻（一年只种一季稻的稻作制度）、双季稻（同一块稻田中，一年连种收两季水稻的稻作制度）。我国水稻种植区可划分为六大区域。

（1）华中单双季稻稻作区

本区位于南岭以北和秦岭以南，包括江苏、安徽的中南部、上海、浙江、江西、湖南、湖北、四川（不含甘孜藏族自治州）等八省、市，是我国最大的稻作区，水稻面积约占全国稻作总面积的61.1%，其中的江汉平原、洞庭湖平原、鄱阳湖平原、皖中平原、太湖平原和里下河平原等，历来都是我国著名的稻米产区。品种以籼稻为主。

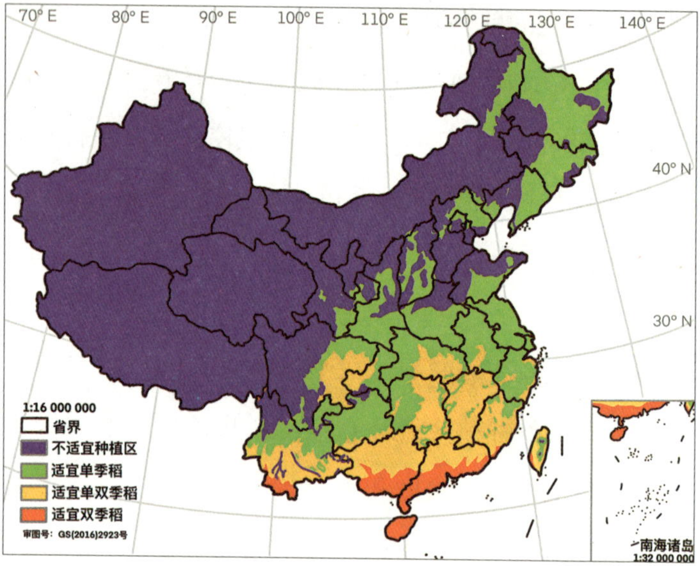

中国水稻种植区

（2）华南双季稻稻作区

本区位于南岭以南，包括广东、广西、福建、海南和台湾等5省（区）。本区稻作面积居全国第二位，不包括台湾约占全国稻作总面积的22.5%。这里水稻生长季年均在310天左右，本区≥10℃积温在8000℃以上，气候温暖。该区水热资源丰富，稻作土壤多为红壤和黄壤。品种以籼稻为主，山区也有粳稻分布。

（3）西南高原单季稻稻作区

本区位于云贵高原和青藏高原，包括湖南西部、贵州大部、云南中北部、青海、西藏和四川甘孜藏族自治州。稻田最高海拔超过了2700米，也是世界最高海拔的稻田。本区稻作面积占全国稻作面积的6.7%。本区≥10℃积温2900℃—8000℃，水稻垂直分布带差异明显，低海拔为籼稻，高海拔为粳稻，中间地带为籼粳交错分布区。青藏高原适宜种植水稻的面积极小，水稻分布在有限的海拔低的河谷地带，比如西藏东部的芒康、墨脱等地。

（4）华北单季稻稻作区

本区位于秦岭、淮河以北，长城以南，包括北京、天津、河北、山东、山西等省（市）和河南北部、安徽淮河以北、陕西中北部、甘肃兰州以东地区。稻作面积占全国稻作面积的3.6%。本区≥10℃积温4000℃—5000℃。北部海河、京津稻区多为一季中熟粳稻，而黄淮地区多丘陵，多为麦稻两熟，品种以粳稻为主。

（5）东北早熟单季稻稻作区

本区包括辽宁、吉林、黑龙江和内蒙古自治区东部，可划分为黑吉平原河谷特早熟亚区和辽河沿海平原早熟亚区。稻作面积约占全国稻作面积的10%。本区≥10℃积温2000℃—3700℃，年降水量350mm—1100mm。稻作期一般在4月中下旬或9月上旬至10月上旬。品种为特早熟或中迟熟粳稻。

（6）西北干燥区单季稻稻作区

本区位于大兴安岭以西，长城、祁连山与青藏高原以北，包括新疆维吾尔自治区、宁夏回族自治区、甘肃西北部、内蒙古西部和山西大部。可分为北疆盆地、南疆盆地和甘宁晋蒙高原等3个亚区。稻作面积占全国稻作面积约0.5%。本区光能资源丰富，本区≥10℃积温2000℃—4500℃，无霜期100天—230天，年降水量50mm—600mm，大部分地区气候干旱，种稻基本依靠灌溉。主要种植一年一熟的早、中熟耐旱粳稻，产量较高。

3. 农业文化遗产

截至2023年9月，我国农业农村部先后发布7批188项中国重要农业文化遗产；而在联合国粮农组织认定的72项全球重要农业文化遗产中，中国以19项位居各国之首。在这些农业文化遗产中，稻作文化遗产占据了相当一部分比例。

（1）浙江青田稻鱼共生系统

浙江青田稻鱼共生系统是中国第一个被联合国粮农组织认定的全球重要农业文化遗产，具有上千年历史，是以种养结合为特征的稻鱼农业生态系统。遗产地位于浙江省青田县东南部山区，核心区为方山乡龙现村，现有农田500多亩，水塘140多个，是富有田鱼文化、华侨文化的特色村。

龙现村农耕文化以水稻、田鱼为特色，融入吴越文化元素，形成独具特色的“饭稻羹鱼”的青田稻鱼文化。当地保留传统水稻品种20余种，而与水稻共生的稻田鲤鱼，因其体色丰富多彩而被冠以“青田田鱼”的称号，并获得国家地理标志产品保护。悠久的田鱼共生生产模式，孕育了龙现村具有地方特色的田鱼文化。金秋时节，家家尝新饭，一碗新饭，一盘新鱼，祭祀天地，庆贺丰收，祝愿年年有余。青田田鱼与当地民间艺术结合，派生出独特的青田鱼灯舞。青田鱼灯舞已被列入国家级非物质文化遗产保护名录。

（2）湖南新化紫鹊界梯田

湖南新化紫鹊界梯田是由森林、民居、梯田、水系交错组成的南方山地农业生态系统。遗产地位于湖南省娄底市新化县，梯田面积约20万亩，核心区包括水车、奉家和文田三个乡镇，面积8万亩左右。

紫鹊界梯田成型已有两千多年历史，起源于先秦、盛于宋明，是中国苗、瑶、侗、汉等多民族历代先民共同劳动的结晶，是山地渔猎文化与稻作文化融合的历史遗存，是古梅山地域突出的标志性文化景观。2018年，湖南新化紫鹊界梯田作为中国南方稻作梯田的子项目，被联合国粮农组织认定为全球重要农业文化遗产。

紫鹊界梯田以水田为主，旱田为辅，千百年来形成了包括梯田复合生态种植模式、传统梯田修建与维护技术、传统旱地䅟子栽培技术、传统病虫害生态防治技术等在内的稻作梯田耕作技术。紫鹊界梯田融梯田、传统民居、森林生态景观于一体，布局错落有致，田园山色相得益彰。

（3）福建尤溪联合梯田

福建尤溪联合梯田是以南方中低山丘陵地区梯田景观为特色的稻作梯田生态系统，属于竹林、村庄、田地、水系综合利用模式。遗产地位于福建省三明市尤溪县联合乡，核心保护区涉及八个行政村，面积达10700多亩。耕种历史有1300多年。2018年，福建尤溪联合梯田作为中国南方稻作梯田系统的子项目，被联合国粮农组织认定为全球重要农业文化遗产。

尤溪联合梯田系统是典型的南方山地农业体系，具有良好的保持水土功能和较强的持水能力；丰富的生物多样性和复合生产模式降低病虫害发生率，维持着梯田生态系统的平衡。尤溪联合梯田系统的传统水稻种质资源丰富，保留至今的传统水稻品种有72个，可满足不同海拔高度以及不同季节水稻栽培的要求。当地农民采用水稻多品系栽培、稻豆间作、作物轮作、稻鱼共生等技术，不仅保证作物稳产，还大大减少了农药化肥的使用，提高了农产品品质。

（4）江西万年稻作农业文化系统

江西万年稻作农业文化系统是以贡米栽培为特色，并经历"野生稻—人工栽培野生稻—栽培稻"水稻驯化过程的稻作农业文化系统。万年种稻历史可追溯上万年。遗产地位于江西省东北部万年县，总面积1140平方公里。核心区为万年县荷桥村山区，种植面积300余亩。2010年，被联合国粮农组织认定为全球重要农业文化遗产。

万年县仙人洞与吊桶环遗址为全国重点文物保护单位，那里发现距今约1.2万年的稻作遗存，被考古界公认为世界稻作起源地之一。贡米生产系统与其周围的山林形成了生物多样性丰富的农林复合系统。万年贡谷原名“坞源早”，保持了野生稻长芒的植物特性，是当地先民经过数千年精心培育的一种地方晚籼优质稻良种，有“一亩稻花香十里，一家煮饭百家香”的赞誉。万年总结出一套从良种培育更新、播种移栽、田间管理、收割贮存到精致加工的传统贡米生产技术，代代相传，延续至今。

（5）云南红河哈尼稻作梯田系统

云南红河哈尼稻作梯田系统，是利用山地资源，建设形成的“林—寨—田—河”四度同构生态农业系统，属于大面积山区稻作农业生产体系。遗产地位于云南省红河州，分布在红河、元阳、绿春和金平四县。开垦耕种历史有1300多年，养育着云南约126万人。2010年，被联合国粮农组织认定为全球重要农业文化遗产。

哈尼梯田以高坡度梯田稻作为显著农业特征，形成独特的“三犁三耙”“夏秋种稻、冬春涵水”“人工耕耘除草”等精耕细作技术体系，以及稻、鱼、鸭的循环共生体系，是低碳、生态、循环农业的典型代表。哈尼梯田系统制定了一套严密有效的用水制度，创造性地采用木刻分水、沟长管理制度等，保证每块梯田都能得到充足的水量供给。

哈尼梯田是亚热带山丘地区稻作生态农业的杰出范例，至今仍有48种传统品种在种植，其水稻品种和其他天然物种多样性的保持机制对全球农业保护具有重大示范意义。

（6）贵州从江侗乡稻鱼鸭系统

贵州从江侗乡稻鱼鸭是指在水稻田中以“种一季稻、放一批鱼、养一群鸭”为特色而形成的稻鱼鸭共生、鱼米鸭同收的复合生态农业系统。遗产地位于黔东南的从江县，现有稻田面积17万多亩，其中保灌面积12万多亩。从江稻田养鱼鸭历史悠久，距今已有1400多年。2011年，被联合国粮农组织认定为全球重要农业文化遗产。

稻鱼鸭系统是典型的人工生态系统。这种以鸭食虫、以鱼食草、用鸭鱼粪做肥料的稻鱼鸭复合系统，具有保护生物多样性、控制病虫害、调节气候、涵养水源等多种生态功能。从江县现有传统水稻品种45种，其中从江香禾糯是经千百年来栽培选育，并传承至今的一种特色水稻，是国家地理标志保护产品。

侗族人的衣食住行与稻鱼鸭这种传统的农耕模式紧密相连，当地有奇特多样的民风民俗，如芦笙节、吃新节、鼓楼抢鸡等，还有雅俗共赏的民族歌舞。侗族大歌于2009年被联合国教科文组织列入人类非物质文化遗产代表作名录。

三、春播秋收田园兴

民以食为天，食以稻为先。水稻是我国第一大口粮作物，在我国南北方都可以种植。南方多种植籼稻，北方多种植粳稻。在粳稻和籼稻中，根据其播种期、生长期和成熟期的不同，又可分为早稻谷、中稻谷和晚稻谷三类。一般早稻的生长期为90—120天，中稻为120—150天，晚稻为110—130天。它们的播种期和收获季节，由于各个地区气候条件的不同，也有很大的差异。

因为水稻的生育期一般在3—5个月，早稻品种一般需要3个月左右，晚稻品种一般需要4个月左右。因此在南方水稻可以种植两季，即早稻和晚稻，我们也称之为双季稻。通常早稻在3月播种，7月收获。晚稻在早稻收获后就立即将提前培育好的秧苗移栽入大田，10—11月可收获。这个过程也就是南方水稻生产上有名的“双抢”，是抢收、抢插的简称。即抢在8月1日以前收完早稻，插完晚稻，是20世纪六七十年代大集体生产中一年一度的最紧张的生产战斗。在此两者之间的统称为中稻，通常5月播种，9—10月收获。北方水稻通常只种植一季。

水稻从播种到收获，要经历萌发、幼苗、分蘖、拔节、孕穗、抽穗、扬花、乳熟、蜡熟、完熟等几个时期。

水稻播种到收获全过程

1. 整地育秧

人勤春来早。3月中旬至4月初，南方的农民们就开始整理秧田，为一年的农忙做准备了。通常选择肥力较高、土质较疏松、排灌方便和背风向阳的田块，耕时，拣净禾蔸、杂草，采用早耕本耥，边分厢边耥平。耥好秧厢后，将沟内的稀泥铲到厢面上，将泥浆与肥料混匀，秧厢保留半沟水。秧厢要求达到上糊下松，沟深面平，肥足土净。

春季土地通过泡田、洗盐、耙、耖、搅浆、整平等措施，为插秧及以后的秧苗生长、大田管理创造良好的土壤条件。

农民在整理秧田

用牛犁田

用机器耕田

无人驾驶耕田机

从古到今，劳动人民一直在探索能够减轻劳动强度、提高劳动效率的工具。早在春秋战国时期，古人就使用了牛耕技术，并且延续至今，目前一些偏远山区仍然还在用牛耕田。但是或许牛也没想到，它也有下岗的一天。现代农民基本都依靠耕田机耕田，耕田不再是繁重的体力劳动了。目前，还发明了无人耕田机，五公里之内可实现全程自动化耕田。

2. 播种布秧

水稻种子在播种育秧前一般要进行晒种、选种、浸种消毒和催芽。稻种在适宜的温度下吸收水分后，胚乳内贮藏物质逐渐分解，通过盾片不断向胚的生长部位输送，胚芽、胚根的细胞急剧增大、分裂，胚根首先突破种皮露出白点，生产上称为“露白”或“破胸”。当胚根伸出长达种子长度、胚芽伸出长达种子长度一半时，便称为“发芽”。发芽的种子就称为“芽谷”。这时候就可以进行播种了。

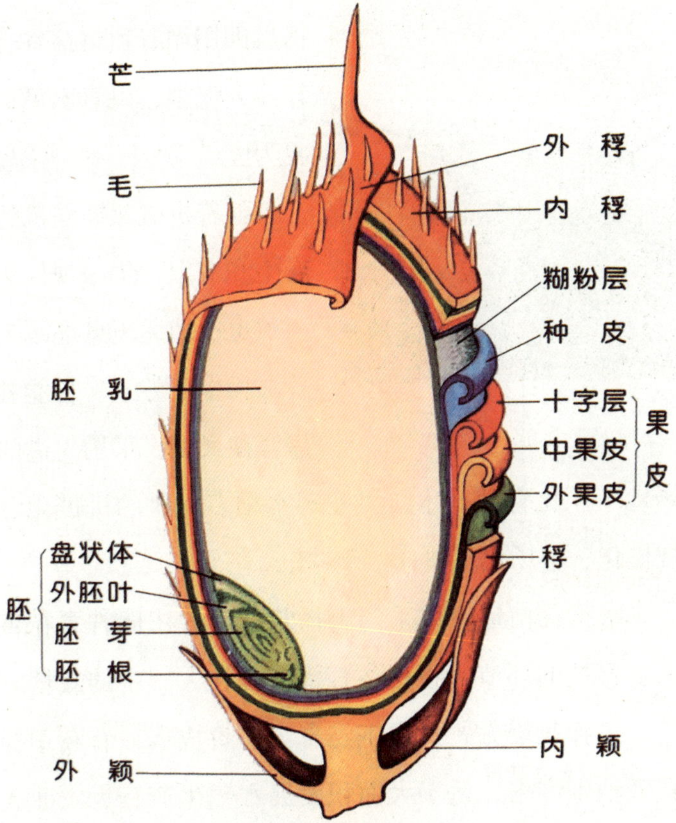

稻谷及其糙米的结构

秧田播种育秧

工厂化育秧

早稻秧田还要覆盖地膜保温，厢沟保持浅水，四周用泥压紧膜边。播种时要求分厢等量播种，来回多次撒播，力求均匀，播后即用塌谷板将芽谷轻轻耥入泥中，以看不见芽谷为度。

随着机械化插秧机的产生和应用，集中现代化育秧也在悄无声息地改变着水稻生产方式。智能温控育秧大棚，采用先进的场地工厂化育秧技术，可实现水稻多批次的机械化、规模化、市场化育秧。

水稻种植还可以采用直播栽培方式，即省去在秧床上育秧的环节，将稻谷直接播种在大田中的栽培方式。这种栽培方式，省工、省力、省成本，有利于提高劳动生产率，适于大面积发展水稻生产，为农业人口少、机械化与自动化程度高的国家和地区所接受。

人工撒播

无人机撒播

现在还可以用无人机撒播代替人工撒播，生产效率大大提高。

3. 大田插秧

“手把青秧插满田，低头便见水中天，六根清净方为道，原来退步是向前。”一株株秧苗，整齐有序地插入水田里，放眼望去，翠绿秧苗随风摇曳，与躬身忙碌的农民勾勒出一幅如诗如画的耕作图景……这种把水稻秧苗从秧田移植到生产田的过程，称之为插秧。聪明的古人也发明了插秧的农具——秧马和莳扶。宋代诗人苏东坡就曾作《秧马歌》，叙述了湖北

人工插秧

秧马

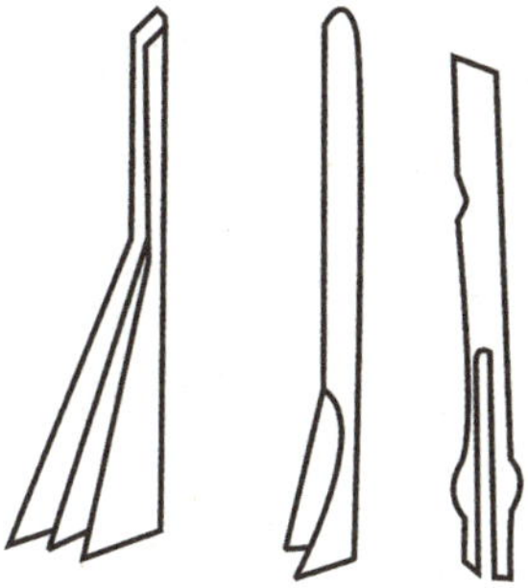

莳扶

自走式机动插秧机

农民使用秧马的情景。莳扶是用来代替手工分秧，将秧苗疏入泥中定植的工具。受到莳扶分秧方式的启发，我国农业科技人员研制出了第一代插秧机。1967年，第一台自走式“东风-2S”型机动插秧机通过鉴定，投入生产，每天可插秧15—20亩。当时人工插秧每人每天最多也只能插1亩地。

随着现代科技的不断发展，机械化插秧机也越来越现代化，生产力得到极大解放。现在，人们只需要将通过集中化育秧生产出来的秧苗整齐地码放到插秧机上，并开着插秧机按照规划好的路线在田里转上一圈，那绿油油的秧苗就整齐地伫立在田中了。插完1亩

插秧机插秧

地仅仅需要8—10分钟。

人们为了降低劳动强度，提高生产效率，一直在孜孜不倦地寻求各种方式方法。如今在我国的一些丘陵地区，人们一手提筐，一手抓秧苗，像天女散花一

人工抛秧

机抛秧

样进行抛撒，只听得阵阵清脆水声，秧苗就乖乖地站立在了水田里，展露出勃勃生机，一幅诗意景象。这就是水稻的另一种移栽方式——抛秧。抛秧技术改变了沿袭几千年的农民“脸朝黄土背朝天”的拔秧、插秧传统习惯，具有省工、省力、省种子、省秧田、操作简单、高产、稳产、高效的优点。为了更好地提高效率，机械的利用自然少不了，于是抛秧机也应运而生，农民只需要驾驶着抛秧机在田间有序地转上一圈就轻轻松松地完成了大田移栽的工作。

4. 精耕细作

水稻的一生可分为营养生长和生殖生长两个阶段。稻穗开始分化前属营养生长阶段，稻穗开始分化后为生殖生长阶段。生产上常把营养生长阶段分为秧苗期、返青期和分蘖期；把生殖生长阶段分为幼穗分化期和结实期。从关键生育时期来看，水稻主要有分蘖盛期、孕穗期、始穗期、齐穗期、乳熟期、蜡熟期和完熟期。

1. 生长曲线

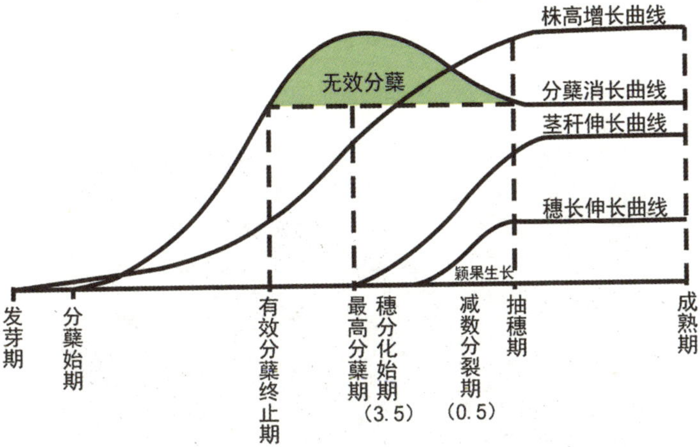

2. 植株形态

3. 生育时期

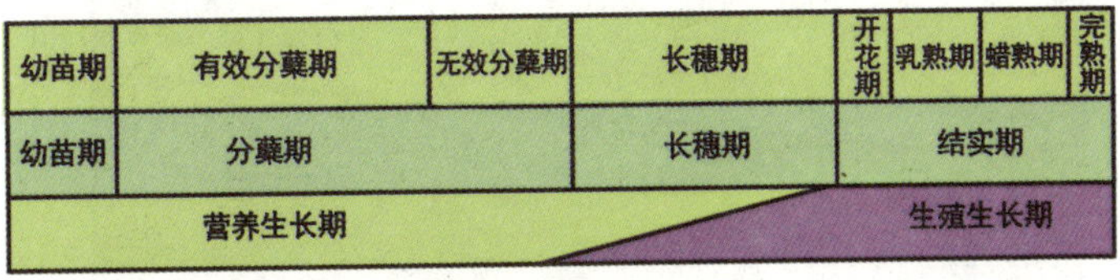

水稻一生

（1）播种期

播种期最关键的事情就是催芽，催芽的要求是“快、齐、匀、壮”。一旦芽谷撒入秧田，就是撒下了希望。此时的秧田管理既要透水利于种子发芽出

播种期

苗，又要通气利于秧苗扎根生长。对秧田的要求就是“上糊下松、沟深面平、肥足草净”。

（2）幼苗期

生产上把水稻在秧田生长的时期就叫做“幼苗期”。稻种发芽出苗时，包在幼芽外面的芽鞘先伸出地面。芽鞘呈筒状，没有叶绿素，伸长到一定程度时停止生长，从中抽出1片具有叶绿素的不完全叶。当这片叶长到1厘米左右时，秧田呈现一片绿色，便称为出苗，或叫现青。以后每隔2—3天，便有1片完全叶长出，到第3片完全叶展开时，称为“三叶期”。这时种子胚乳中养分耗尽，幼苗生长发育从主要靠胚乳贮藏养分转到依靠自身光合作用制造营养，故称之为“离乳期”。这个时期秧苗对低温和病虫害的抵抗能力最弱，因此，这也是幼苗期最关键的时期。此时

幼苗期

三叶期

田间管理注重灵活管理水层，防冻防晒，“天寒时，日排夜灌；天暖时，日灌夜排”，保持田中既有水又通气，并及时施用“离乳肥”。到了第五片叶完全展出时就可以适时插秧了。

（3）返青期

秧苗进入大田后就会开启另一段人生。它在稍稍适应一下这个新环境后，根上的根毛们就会奋力地吸收着大田里丰富的营养，挺直了腰杆，开始萌发新的叶片。这个过程就是水稻的返青期。

返青期

（4）分蘖期

分蘖期

小禾苗们精神抖擞地噌噌往上长，同时在茎基部的腋芽也会长成分枝，这个过程就叫做“分蘖”。前期长出来的分枝就会和主茎一样抽穗开花结实，称之为有效分蘖；而后期长出来的分枝因营养不足而不会抽穗开花，称之为无效分蘖。这两个时期也相应地称之为有效分蘖期和无效分蘖期。为了让小禾苗们都能吃得饱长得壮，健康生长，这个时期通常需要浅水勤灌，适时施肥，并在茎蘖数足够之后适当晒田，促进小分蘖死亡。

（5）孕穗期

插秧一个月后分蘖基本完成，水稻开始孕育小

孕穗期

穗。此时的茎秆会变圆，因此孕穗期也被称为圆秆期。从幼穗分化开始直到小穗从最后一片叶（剑叶）的叶鞘里探出个小脑袋，这个阶段就是水稻的幼穗发育期，也是水稻营养生长与生殖生长并进的时期。这个时期同样需要浅水灌溉，并适时施好穗肥。

抽穗扬花期

（6）抽穗扬花期

自大田中出现稻穗抽出，就称为见穗期，如有10%的稻穗抽出剑叶，露出叶鞘一半就称为始穗期，如有50%时就称为抽穗期，有80%就称为齐穗期。伴随着早上九点钟的太阳，稻穗上的小花就会自下而上依次开颖、裂药、散粉。授粉后，花药被吐出颖外，花丝逐渐凋萎，浆片收缩，历时1—2小时，内外颖复又关闭。此时期的水田需要灌水并保持水层3—4厘米。

（7）乳熟期

水稻开花后3—5天即开始灌浆。灌浆后籽粒内容物呈白色乳浆状，淀粉不断积累。用手挤压穗中部籽粒会

乳熟期

稻粒能挤出白色乳浆

有乳浆状物质溢出。这个时期一般持续7—10天。田间管理由浅水层转入湿干交替的间歇灌溉，干干湿湿。

（8）蜡熟期

蜡熟期

米粒内部由乳浆状变成蜡状，手压穗中部籽粒有坚硬感。谷壳开始发黄，米粒背部绿色逐渐消失。此期约经历7—9天。这个时期田间以干为主，蜡熟末期停止灌溉。

（9）完熟期

米粒逐渐失水，变成半透明硬实状，谷壳呈黄色。稻穗上部三分之一枝梗变干枯，穗基部变黄色，

完熟期

全穗外观失去绿色，茎叶颜色变黄。这个时期可以适时收获。

5. 丰收在望

“雨馀静听溪流激，风过时闻稻米香。”稻子熟了，人们对丰收的期盼终于变成现实。“新筑场泥镜面平，家家打稻趁霜晴。笑歌声里轻雷动，一夜连枷响到明。”就是宋朝诗人范成大描写农民为了躲避雷雨天气而连夜抢收水稻的场景。

收获总是令人喜悦的，但是劳动也是繁重的。早期农民都是用镰刀把禾苗割倒，再在拌桶里使劲摔打脱粒，更先进一点的就是用脚踩打谷机。打好的谷子也需要人工肩挑背扛地运回家。

收割回来的稻子还得倒在空旷的土地上或者竹席上，经过太阳的炙烤，脱去水分，这样才有利于贮藏，也方便脱壳去糠碾成大米。晒谷子也是一门技术活，先用耙子把堆在一起的稻谷摊开，然后用抓篱把夹杂在里面的稻叶、茎秆等杂质抓到一起再扔掉。同时还得顶着烈日用耙子把谷子轮流翻转晾晒，直到谷子抓在手里沙沙作响，用牙一咬咔嚓就断成两段。晒好的谷子还得经过风车吹掉杂质和秕谷，留下壮实的谷子，才可以入仓。

镰刀割稻子

人工脱粒

脚踩打谷机

如今有了现代化机械的助力，农民们可以很悠闲地开着联合收割机在田里走上一圈就把活给干了。还

联合收割机收割水稻

卡车运输稻谷

有拖拉机、大卡车帮着运输。稻谷干燥也不用看老天的脸色了，有专门的烘干设备直接烘干，而且可以控制干燥结束时的含水量，以保持稻谷最佳的贮藏状态。但是在偏远的山区，因为交通不便，地形限制，人们还不得不仍然沿用老办法。

四、穰穰满家　利国利民

1. 农户传统仓储

人类进入新石器时代以后，随着原始农业的发展，农业生产形成了一定的规模，粮食出现了盈余，于是逐渐有了粮食加工和储藏。粮仓是粮食储藏技术的重要组成部分。从出土的古代粮仓来看，可分地上粮仓和地下粮仓。

浙江河姆渡遗址出土的“杆栏式”粮仓是地上粮仓，仓中还盛有稻谷，据考证距今已有7000年，是至今发现的南方最早的储粮设施。另外，甘肃大方盘城发掘的“大方盘”粮仓也是典型的规模较大、年代较早的地上粮仓。此仓始建于汉代，直到魏晋一直是西部边防的军需仓库。“大方盘”粮仓为长方形，东西走向，东西长132米，南北宽17米，现存墙最高处为6.7米，墙的结构为夯土。仓间内有3个间，长42.5米，宽14.5米，墙厚1.5米，朝南方向各开一门。在保存较完整的北壁仓上，上下均有三角形小孔，每廒间上部3个，下部5个，交错排列，可能是通风孔；在残存的南仓壁上，小孔已所剩无几，但仍能看出其排列是与北墙对称的。仓基建在比当地河床高2米多的自然土台上，在东西北三个方向的仓墙外还建有围墙。

地下粮仓是从地下窑发展起来的。从汉代在北方地区开始采用，到隋唐时期有了很大发展。地下仓的形状主要有方仓和圆仓两种。河南洛阳曾发掘过汉代及隋唐时期的地下方仓及地下圆仓，其中规模最大的是隋唐时期的含嘉仓，仓区东西长612米，南北宽750米，占地面积45万平方米，共有地下圆仓259个，仓型是口大底小，大的口径达18米，小者口径为8米，仓深最大为10米，最浅为6米。仓身的结构非常讲究，土坑挖好后，先用柴火将四壁烧烤，以干燥土壁，然后再铺上草束、木板、苇席、谷糠等多种隔热防潮材料，

河南隋代黎阳仓粮食仓储遗址

以确保储粮安全；仓群规模宏大，仓体结构完善，说明当时的建仓技术水平已相当高。

另外，在出土的冥器中，也发现了许多粮仓，如平房仓、楼房仓、圆仓等。这些粮仓多为陶制，也有木制的。陶制粮仓，绝大多数系汉代文物，多在北方各地出土。木制的冥器粮仓较少。多年来出土的冥器粮仓除制作材料及形状不同外，绝大多数有完整的门窗、透气孔、出粮口、防鼠结构、防潮结构等。在一些出土的石刻或砖刻上也发现过一些粮仓造型。由此说明，从汉开始，我国就建立了从中央到地方完备的

汉代陶仓

汉代储粮罐

粮仓管理体制，形成了比较严格的仓储管理制度。

随着时代的变迁，20世纪的民间粮仓以房仓、柜、箱及粮袋垛等为主。粮食多的人家就会建一间小房子来专门储藏粮食，称之为“粮仓”；粮食再少一点的就用木柜、木箱或者铁柜、铁箱储藏，并做好防鼠防虫防潮的措施。如今，随着生活水平的提高，生活物资不断丰富，人们餐桌上的主食也越来越丰富，

铁桶

粮袋垛

大米在各大超市、商店里都随时可买，因此，家家户户只需要置办一个米桶，能存储一小段时间就好了。超市主要用粮袋垛储粮，一袋一袋的粮食堆在售卖区，也有散装在展示柜台方便顾客少量购买的。

2. 企业和国家储藏

粮食的储藏是农业栽培的继续，储藏技术是伴随着农业的发展而发展的。改革开放前，我国的国家粮库和地方粮库的粮仓类型主要为混凝土筒仓、混凝土房仓、砖房仓、土圆仓及粮袋垛等。在各个村庄经常可以看到一个用泥土垒起的建筑，它有着又圆又胖又高的身体，顶着个圆锥形的攒尖屋顶，就像桶上加了个笠帽——它就是土圆仓。土圆仓是农民群众“一把草、一把泥”的创造，可谓中国粮食仓储历史中的一大创举。土圆仓以块石垒墙脚，仓底地面用不易返潮的“三合土”，而墙身则用“黄筋泥”掺和切成节状的稻草，用夯筑技术建成。筑墙是最费工夫的环节，先把夹板固定好，中间倒上“黄筋泥”与稻草，然后几个人一组围成圈，拿着大大的木榔头用力敲，这道工序就是夯土。把土夯结实了，再撤掉夹板，往上递

土圆仓

增，一直到相应的高度。等黄泥墙夯实了，内外糊上黄泥浆，再刷上石灰水，然后请木匠结顶。用木梁架支撑仓顶，站在仓内看上去木梁架就像雨伞的龙骨。由于土圆仓仓体较高，所以通常开有两道门，一上一下。上面的门用于进粮，下面的门用于出粮。上门离地面约3米，为防止进粮不便，所以土圆仓一般建在地势较低的地方，紧挨仓体有高坎，便于从高坎直接抵达上门，大家挑着一筐筐粮食从进粮门往仓内倒。土圆仓储粮按照“无害虫、无变质、无鼠雀、无事故”的“四无”原则，通常从里到外又有四道门，最外面是大门；然后是“搁门板”，搁门板有数块，在进粮时随仓内储粮水平高度递增而增加块数，一般用木头制成，也有用铁板；再就是防虫纱，防止害虫进仓；最里面是防鼠板。

改革开放后，政府非常注重对国有粮食仓储设施的建设、维护和改造，粮食仓储条件逐步改善。20世纪80年代初，黑龙江迎春机械厂、庆安钢铁厂等相继开发了波纹板装配式金属筒仓；1984年，安阳利浦筒仓工程公司从德国引进利浦筒仓技术，并开始生产与组装。从此，国际上普遍采用的两种金属储存仓型在我国取得了较大的发展，且具备了数百种规格，累计建造仓容超过700万吨，大大缩短了与国际先进水平的

现代粮仓

差距，为实现仓储机械现代化提供了有力保证。

21世纪，生物技术、信息技术和微电子技术的快速发展给我国的粮食仓储技术带来了崭新的变化，使其朝着多样化、高品质、高效益、低损耗、低污染与环保型的方向发展。越来越多的粮库在线监测系统实现了从粮食入库、扦样、化验、检斤到结算、出库、安防等各环节的智能化、网络化管理，真正成了“看得见、管得住”的智能化粮仓。这也为我国的粮食安全提供了坚强的后盾。

五、砥嘉谷成白珠

1. 稻米结构与营养成分

稻谷籽粒可分为颖（稻壳）和颖果（糙米）两大部分。稻谷的颖，包括内颖、外颖、护颖和颖尖（伸长即为芒）四部分，占整个稻谷体积的20%左右。稻谷脱去内颖后的果实便是颖果（即糙米）。颖果由果皮、种皮、糊粉层、胚乳和胚组成。果皮、种皮、糊粉层和胚在碾米的过程中都会被磨掉，其混合物就是米糠，占整个稻谷体积的8%左右，剩下的72%左右都是胚乳，也就是生活中最常见的精米，即大米。

但是，稻米的营养成分在各部分中的占比却有点出乎大家的意料。果皮和种皮含有较多的纤维素、脂肪、蛋白质和矿物质。糊粉层含有丰富的脂肪、蛋白质和维生素等，营养价值比果皮、种皮高，但细胞壁较厚，不易消化。果皮、种皮和糊粉层三者合在一起统称为米糠层，米糠层的营养成分占了整个大米的

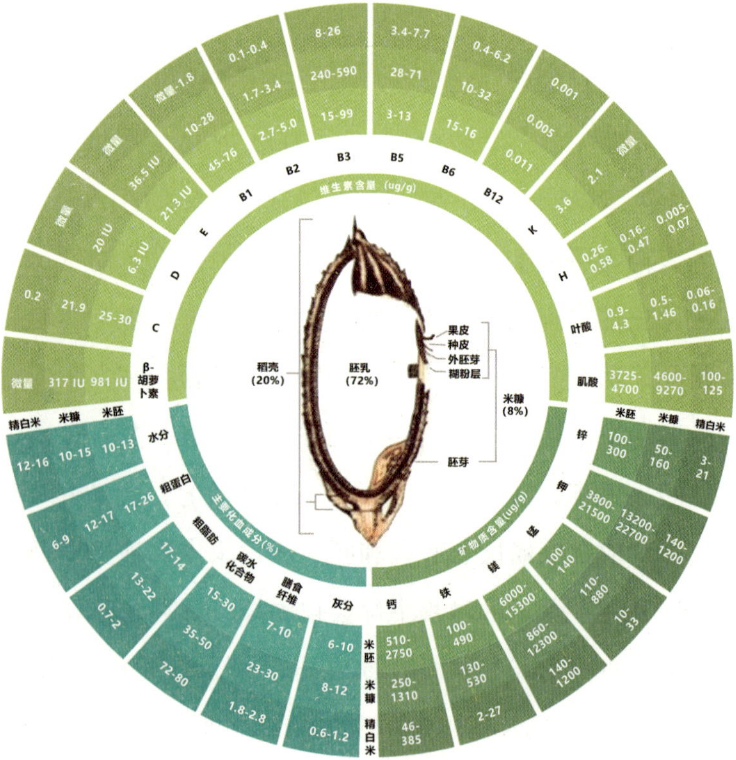

稻谷的结构和营养成分

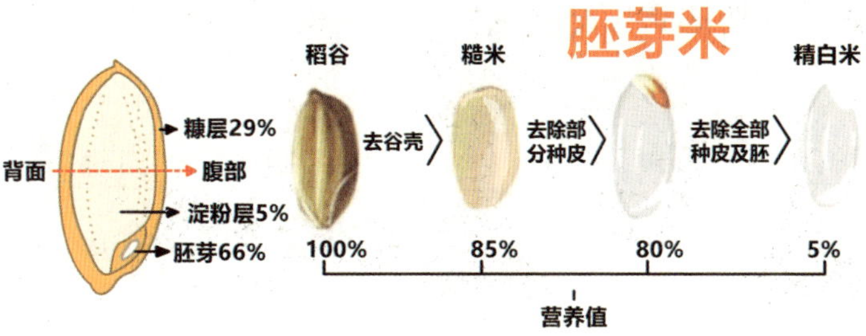

大米的结构及营养分布

29%。胚乳由含淀粉的细胞组织组成，细胞内充满淀粉粒，淀粉粒之间填充蛋白质。胚乳含蛋白质和脂肪较少，营养占比只有5%。胚含有较多的脂肪、蛋白质和维生素B等，营养价值最高，占比66%。因此，现在的人们为了追求身体健康开始吃糙米、胚芽米。糙米被碾去部分米糠层，并保留至少80%的胚的大米，就是胚芽米。

2. 传统工艺出米

“或舂或揄，或簸或蹂。”《诗·大雅·生民》中的这句话，给我们描绘出了一幅生动的远古舂米图。舂米在过去有多种方法，一种是用方石凿孔，成臼，用木杵捣；一种是做成碓床，大致是掘地安放石臼，上架木杠，杠端装杵或缚石，用脚踏动木杠，使

石臼和石杵

碓床

杵起落，脱谷皮，或舂成粉。

到了隋代，人们发明了石碾。将粮食直接铺在石碾盘上，经石碾反复碾压而脱壳。在湖北粟溪有一种其他地区所没有的独特碾槽，其所碾之米除了口感尤佳之外，还能保留谷物本身所具有的各种营养。清乾隆十六年（1751），乾隆首下江南，在此吃了这种米

石碾加工大米

后，留下了“金石碾香，鄂中孝米”的佳话，使粟溪石碾米名扬天下。

水碾房

带动石碾工作的动力也从人力过渡到畜力。再后来，有条件的地方利用水势落差产生的水能作为动能，依水而建一间专门用来碾米的房子，称之为水碾房。用这种方法碾出的米称为水碾米。后经社会广泛传承，至清朝中叶达到鼎盛。水碾碾出的米因不损害谷物产品的本身营养，做出的饭清香四溢，营养成分丰富，故有“宁吃半斤水碾米，不食一斤机碾米”的说法。

3. 现代科技加工

自从有了电，碾米正式进入机器化时代，如今的大米加工更是大踏步地步入智能化时代。

新收获的稻谷进入预处理系统会进行一次清理，去除杂质、碎石后，进入烘干机进行烘干。达到标准的水稻，会进行碾米、抛光、大米分筛，最后进行包装。

现代大米的加工流程具体如下：

原粮—吸粮—称重—筛选—去石—磁选—砻谷—谷糙分离—粗碾—精碾—白米分级—色选—抛光—白米分级—称重打包

具体主要步骤如下：

筛选：去除稻草等各种杂质；

去石：去石机去除稻谷中混入的土、砂石块等异物；

磁选：磁选机去除铁屑等杂质；

砻谷：砻谷机脱去稻壳；

谷糙分离：谷糙分离机将糙米与未脱壳的稻谷分开；

粗碾：碾米机将糙米开糙及辗白；

精碾：碾米次数根据加工要求而定，机械及作用同粗碾；

白米分级：白米分离筛将完整米粒与不完整粒分开；

色选：色选机去除异色粒；

抛光：抛光机使大米表面的淀粉形成胶质层，使大米晶莹透亮，延长保质期；

现代大米生产车间

白米分级：白米分离筛将完整米粒与不完整粒分开；

称重打包：使用封口机密封，运输车转运。

现代的加工厂内部配置远红外线循环式烘干机以及大米一体化生产加工线，投入运营后，大米年加工量可达1万吨。

4. 缤纷稻米

根据水稻的两个亚种籼稻和粳稻，生产出的大米也相应地区分为籼米和粳米。它们在外形特征上有着

籼米和粳米的区别

比较明显的差异。籼米细长，如丝苗米、猫牙米等；粳米短圆，如珍珠米、东北大米等。

根据口感不同，又可以分为黏米和糯米。黏米米粒半透明，有光泽；糯米米粒呈乳白色，不透明。从生理特性上说糯米几乎全部是支链淀粉，遇碘呈棕红色；黏米有一到三成的直链淀粉，遇碘变蓝色。日常所吃的大米一般都是黏米，糯米因口感软糯，通常被用来加工成粽子、糍粑等美食。

糯米也分籼糯和粳糯。籼糯粒型细长，黏性较粳

粽子

糍粑

糯差，比较好消化；粳糯粒型短圆，黏性最强，入口有甜味，适合做八宝饭。

八宝饭

根据稻米的颜色不同，又可以分成白米、红米、紫米、黑米、绿米。白米，顾名思义为白色的米，通常称为大米，最为常见，为生活中最为普遍的口粮。其他颜色的米可以统称为有色米。有色米的颜色均体现在米皮上，其内部胚乳均为白色，有色米一般均以糙米形式食用。

红米又称为南米、机米，属于籼米，其外皮呈紫红色。红米米质较好，营养价值也较高，微量营养素（锌、铜、铁、硒、钼、钙、锰等）含量比白米高0.5—3倍，含有黄酮类化合物、生物碱、植物甾醇以及胡萝卜素等成分，具有清除自由基、延缓衰老、调节免疫的多种生理功效。

紫米颜色为紫黑色，碾出的米粒细长呈紫色，故又叫“紫糯米”“紫珍珠”。紫米富含蛋白质、碳水化合物、B族维生素、钙、铁、钾、镁等营养素，还含有丰富的膳食纤维，又有降低血液中的胆固醇含量、预防动脉硬化疾病的功效。

黑米又名乌米，有黑籼米和黑粳米之分，外表墨黑，颜色越深营养越高，又被称为“黑珍珠”和“世界米中之王”，是一种药食兼用的大米。长期食用可以预防动脉硬化，适合糖尿病人和心血管疾病患者食用。

绿米又称绿竹米、竹香米，是一种传统的水稻，浙江一带种植，产量很低。绿米的稻谷外观非常特别，稻谷外壳是黑色，麸皮是淡绿色，米芯却为白色。米质优

红米

紫米

黑米

绿米

良，气味芳香，营养丰富；尤其含硒量高，还含有大量人体必需的十几种微量元素和维生素。

5.“稻”尽其用

水稻的主产品是大米，除大米外，水稻收获脱粒后留下的秸秆、稻谷脱壳后留下的谷壳、糙米精磨后留下的谷糠等副产物，看似没用，但经过聪明勤劳的人们加工变身后，也可以变废为宝。

水稻秸秆晒干后储藏，可用作柴火，可编织成坐垫、床垫、扫帚等家用品，也可铺垫牲圈、喂养牲畜，还可制作成堆肥和沤肥还田，甚至可用于制作简易房屋的屋顶等。如今，随着各地农业观光旅游的兴起，水稻秸秆更可以制作成精美的工艺品，放在风景区、公园、农家乐、滑雪场、游乐场、幼儿园等多种场所，越来越受到消费者的欢迎。比如，江苏省宿迁市当地农民就通过将秸秆做成各式各样的卡通稻草人，打开了致富的大门；安徽省涡阳县相关企业也是将秸秆变成造型独特的工艺品与琳琅满目的秸秆花篮、秸秆果盘、秸秆收纳筐等，让人大开眼界，其产品已经出口到美国、丹麦、德国等十多个国家；安

稻草工艺品

稻草人

徽省淮北市的企业也有“拿手绝活”，可以将水稻秸秆加工生产成相框、画框等工艺品。

稻草相框

大米加工过程中产生的谷壳和谷糠，是我国南方地区的主要农家饲料，其经过简单粉碎后即可成为饲料，用于家畜和家禽养殖。

此外，有一类特殊水稻——彩色稻，其拥有异于常规绿色水稻的紫色或黄色叶片，可以在“稻田艺术”方面发挥突出作用。当前，我国的新农村建设与乡村振兴如火如荼，农耕文化主题公园也在全国各地铺展开来，彩色水稻可以用于书写标语、制作图案，让人耳目一新、倍感惊奇。

稻田艺术

稻作农耕文化主题公园

六、花样米食

1. 炊“煮”饭香

米饭的面世，可追溯至粥。由于烹煮粥控制水量的要求比米饭低，上古的华夏民众慢慢掌握不同水量时的烹煮效果，就发展出较饱满的米饭。《诗经·大雅·泂酌》中有描述人们蒸饭的情形，“泂酌彼行潦，挹彼注兹，可以馈饎”，从远处取水，舀舀倒倒，用来蒸饭。诗中的“馈”意思是“蒸”，这表明先秦时期蒸饭盛行。它是把米下锅中先煮成半熟，再捞上来放进甑蒸熟，米粒分明，不粘连。

秦汉时期，《释名·释饮食》有言：“干饭，饭而曝干之也。”秦汉时期的饭，是用麦、粟、黍、稻等制作，亦称“糒”或“糗”，多为一般平民之食。当时的烹饪重在菜肴的烹制，主食较为简单，而当时流行的干饭，是把蒸熟后的米饭晒成干饭后，放进陶罐，吃的时候再放汤水，方便携带，随吃随取。

魏晋时期，精选细淘，通过甑蒸，烹饪出色香味俱全的米饭。不论冬夏，都用温热水浸米，泡约一顿饭工夫后再用手搓；水冷后倒掉，再用冷水淘，再搓，直到米发白为止。这样淘洗做出的饭，“饭色洁白，无异清流之米”。

隋唐以后，米饭吃法与现代几无不同，尤其在宋代，米饭的吃法变得更加丰富。将大米与其他食材搭配，根据配料的不同，有青粳饭、蟠桃饭、金饭、玉井饭、盘游饭、蓬饭……对食物的更高追求，让美味更加百变。

这一重要变化与南方稻作的发展有着十分密切的关系。从“饭稻羹鱼”到“鱼米之乡”，虽然生产、生活方式看似没什么变化，但南方稻作经济在国家经济和政治中的重要地位发生了根本性变化。从“苏湖熟，天下足”到“湖广熟，天下足”，反映了南方稻作经济日渐扩展的发展趋势。《天工开物》记载，明末粮食供给，大米约占70%。

米饭是日常生活中的主要饮食，其营养非常全面，含有蛋白质、纤维素、B族维生素、葡萄糖、碳水化合物、钙、磷、铁等人体每日所需的营养物质，有补中益气、健脾养胃的功效，含营养低脂肪，不易因糖分、脂肪摄入过高而发胖。

米饭

2. 研“磨”米粉

米粉来源于稻米，是中国南方稻米产区以及东南亚地区的一种常见主食。从中国人的饮食习惯来看，米粉分为两种：一种是将稻米煮熟，研磨成粉状；另一种则需要在前者的基础上进行高温蒸煮和发酵处理，再挤压成线状。

考古发现表明，早在距今5000至7000年前的仰韶文化时期，石舂的出现标志着人们掌握了舂谷去壳，捣粒为粉的技术。粉状米粉的出现对古代中国人的饮食结构产生了重大影响。最早记载于宋代史料中的元宵和汤圆便都是糯米粉制品，两者都是元宵节必备的美食，但是各自的馅料、口味和制作工艺有所差异。

元宵一般只用素的固体甜馅料，将馅料切成小块，蘸上水，在盛满糯米面的笸箩内滚，一边滚一边洒水，使其自然沾满糯米面滚成圆球。元宵煮后汤比较浓，也容易浑汤，但皮面松软，可油炸、拔丝、蒸烤等多种食用方法。由于元宵使用的是湿粉，粉粒较粗，而馅料必须是硬的，可以加入各种果料，所以吃起来比较有咬劲，果香和米香浓郁。

汤圆则是用很细的糯米粉团包馅制成，馅料有荤有素。汤圆煮后汤比较清，煮时不浑汤，皮面润滑，馅流动性好。汤圆是用水和干粉后包制，非常细腻，糯米粉可以通过200目的细筛子，在包制时能放入更多的油脂，馅料也不会出现大的颗粒，其特点是口感更香甜软糯，回味无穷。元宵与汤圆都与“团圆”字音相近，取团圆之意，象征在新的一年里全家人团团圆圆，和睦幸福，人们也以此怀念离别的亲人，寄托了对未来生活的美好期望，所以是正月十五元宵节必备

米粉

美食。

线状米粉则能够追溯至1000多年前的南北朝时期，最早的文字记载出现在成书于南北朝甚至更早时候的《食次》一书中。《齐民要术》引《食次》曰："粲，一名乱积。""粲"的意思是上等精致的白米；米粉在锅中煮熟后状如一团乱麻缠绕在一起，因此得名"乱积"。然而直到隋唐时代，米粉工艺才逐渐成熟，但仍是稀罕之物，一般得到赏赐才能享用。清末民国时期，米粉才渐渐走入寻常百姓家中，同时逐渐根据地方特色变换出不同的饮食风味。

3. 爆"爆"米花

中国最早的爆米花叫"炒米花"，它的起源可以上溯到宋朝时期。春节、上元节（元宵节）期间，民间厨房"嘭嘭"的爆破声此起彼伏，这是在"炒糯谷"，即崩爆米花。当时爆米花被称为"孛娄"。范成大在《吴郡志·风俗》中记载："爆糯谷于釜中，名孛娄，亦曰米花。"宋以来，人们用爆米花占卜。正如《爆孛娄诗》"东入吴门十万家，家家爆谷卜年华。就锅排下黄金粟，转手翻成白玉花。红粉美人占喜事，白头老叟问生涯。晓来妆饰诸儿子，数片梅花插鬓斜。”在华南地区，爆炒糯谷为“占稻色”的习俗，用来占卜年稻收获的丰歉，爆出的米花越多则是年稻的收成越好。元代娄元礼《田家五行》记载了当时华南稻作地区“占稻色”的习俗，“雨水节烧干镬，以糯稻爆之，谓之孛罗花，占稻色”。

现在常见的爆米花按照制作方法主要分为传统爆米花和新式爆米花。传统的爆米花是以大米或玉米为原

爆米花

料，在小转炉中经过高温加热后制成，其中可能添加了一些糖精来调味，但不会加入任何人造黄油类的脂肪。传统爆米花虽然脂肪含量不高，但传统的小转炉在高温下可能会释放出铅。新式的爆米花主要是用电器烘烤，现代制作工艺降低了铅对人体造成危害的风险，因此不必担心其铅污染。但是现代制法的爆米花添加剂较多，在制作过程中往往会加入大量的人造奶油、香精和色素，这使爆米花的能量和反式脂肪酸含量增加。

4. 精“蒸”糕糯

我国民间用稻米制作米糕历史悠久。形态美观、口味多样的米糕，是我国传统小吃的重要组成部分。米糕贮存方便，是款待宾客的茶点，既有适应节气的凉糕、薄荷糕、萝卜糕、年糕等，又有滋补养生的八珍糕、甑糕、桔红糕等。

汉朝对米糕就有“稻饼”“饵”“糍”等多种称呼。汉代的扬雄在《方言》一书中就已有“糕”的称谓，魏晋南北朝时已流行。古人对米糕的制作也有一个从米粒糕到粉糕的发展过程。

公元6世纪的食谱《食次》就载有米糕“白茧糖”

年糕

的制作方法，“熟炊秫稻米饭，及热于杵臼净者，舂之为米粢糍，须令极熟，勿令有米粒……”即将糯米蒸熟以后，趁热舂成米粢，然后切成桃核大小，晾干油炸，滚上糖即可食用。

历史长河中米糕品种不断增加，这是物质文明进步的体现，蕴含着对稻米进行深加工，散发着浓厚的民族风味，彰显着传统的饮食习俗。以“年糕”来说，春节吃年糕寓意美好，古人赋诗赞年糕：“年糕寓意稍云深，白色如银黄色金。年岁盼高时时利，虔诚默祝望财临。”这传递着人们期冀美好生活的愿望。

5. 粉“揉”团鲜

青团是江南地区的传统特色小吃，用艾草的汁拌进糯米粉里，再包裹进豆沙或者莲蓉馅儿，不甜不腻，带有清淡却悠长的清香。据考证，青团之称大约

青团

始于唐代，至今已有1000多年的历史。人们每逢清明节几乎都要蒸青团，古时候人们做青团主要用作祭祀。虽然青团流传千百年，外形一直没有变化，但现在它作为祭祀品的功能已日益淡化，而是成了一道时令性很强的小吃。

《随园食单》里面写道：“捣青草为汁，和粉作团，色如碧玉。”就是把青团的制作步骤浓缩在这句话里了。每到清明，江南百姓必到田间揪一把青艾叶，回家捣烂压汁，与晾干的水磨纯糯米粉拌匀和好，馅料则取用豆沙、芝麻、糖渍桂花等咸甜馅料，民间诀窍还要放入一小块猪油，团好坯入笼蒸熟，出笼时再薄薄刷一层熟菜油在表面。蒸熟后的青团个个葱绿如碧玉，油亮似翡翠，糯韧绵软，清香扑鼻，甜而不腻，肥而不腴，咬一口，满是春天的气息。

现在做青团，主要采用青艾汁、浆麦草或者其他绿叶蔬菜汁和糯米粉捣制再以豆沙为馅而成。“青”是青团最大的亮点，艾叶作为“青”的主要来源，也许是因为艾能祛湿、温经，或者能治好当地人的某些疾病，人们便认为艾能祛除他们周围一些不好的鬼怪，保佑他们，而赋予艾叶驱邪这样的节日意义。

青团制作工艺

馅料
民间诀窍-水晶猪油
芝麻
豆沙
糖渍桂花
笼蒸青团
青团

6.叶“裹”粽香

粽子是我国极富民族特色的传统食品，与一切历史事物一样，有着诞生和发展过程。传说粽子是为端午节纪念春秋战国时期楚国的屈原而创制的食物。早先，粽子是一种祭祀用品。在西周时期，牛作为最高等级“太牢”的典型祭品用来祭祀，祈求土地丰收。春秋时期的“角黍”，用菰叶包黍米成牛角状，“角黍”的形制是对牛角的模拟，民间用来代替牛角进行祭祀。古时夏至也是祭祀的节日，《荆楚岁时记》记载：“夏至节日食粽，周处谓为角黍，人并以新竹为筒粽。”仲夏时节，人们用粽子供奉神灵，祭祀先祖。直到魏晋时期，粽子才作为端午节的传统食品。

在物流和信息传播飞速发展的当代，每年一到端午节，一场关于粽子的南北“咸甜大战”便会在网络上闹得风生水起，一个粽子，也藏着许多令人惊讶的文化印记。然而，古人应该不会有这样的纠结。我国地域辽阔，饮食文化源远流长，各地各个时期，人们因时制宜，通过巧妙搭配，将各种食材裹入粽中，这使得粽子的种类丰富多样。在晋朝之前，世上只有白米粽。所谓的地域差异在于，北方的粽子是用菰叶包裹黍米，而在南方，人们则将黍米装填于竹筒内，称为“筒粽”。魏晋时期，筒粽逐渐消失，而包裹米粒的叶片拓展为芭蕉叶、荷叶等，再后来则多用箬叶、芦苇叶，到了唐代黍米也逐渐被糯米代替。据唐代段成式所著的《酉阳杂俎》中记载：“庾家粽子，白莹如玉。”这时的粽子已经有了“老字号”。现在西安的地方小吃“蜂蜜凉粽子”，在唐宋时期代被称为“蜜淋”，风味独特，吃起来口齿留香，是夏日消暑的佳品。

粽子的咸甜差异最早起始于南北朝，当时人们在米中掺入兽禽肉，包裹成“杂粽”，作为往来馈赠的礼品，这是肉粽的最初形态。到了宋元时期，出现了蛋黄粽、猪肉粽等。清朝，因食用火腿之风日渐兴盛，又出现了火腿粽子。当代南方地区的咸粽更是五花八门。广西特色的“枕头粽”、江浙一带的嘉兴肉粽都很出名。还有的咸粽品种，具有显著的地域特色和民族特色。西南地区的人们，利用特产芭蕉和竹筒制作粽子，将调好味的糯米或香米装入竹筒中，再加入鸡肉、香肠等。

甜粽大致也出现在南北朝时期，人们将红枣、板

粽子

栗、红豆裹入粽子里，为粽子增添新的口味。到了宋朝，人们将果品入粽，称为蜜饯粽子。有些商家还将粽子堆成楼台亭阁、木车牛马来招揽生意，成为都市街头一景。明朝甜粽的馅料又增添了豆沙、松子、核桃等，品类趋于完善。

“五月五，过端午，划龙舟，敲大鼓，一二三四五，你包粽子我跳舞。”粽子是节日食品，也用作祭祀，又历来是一种馈赠的礼物，还是一种文化传承，端午节以此纪念屈原，旧时赶考以包成笔形的粽子寓意“必中”，等等。在漫长历史的长河中，粽子文化得到了多元发展，是集中华民族长时期积累的物质财富和精神财富于一体的传统民族食品。

七、稻风民俗

在广大的水稻种植区，先人们创造出许多水稻生产特有的神灵，并进行祭祀、崇拜。这在少数民族地区表现较为明显。

1. 稻作祭神

（1）春祈秋报

中国自古以来都将农业生产视为头等大事。祭神这一农业文化传统受到历代帝王的重视。作为农业文化重要组成部分的稻作文化自然也不例外。传统农业生产是一种季节性和周期性非常强的劳作活动，敬畏天时是农业社会奉行的准则。节气在传统农业中发挥着重要的作用，按节气进行生产管理是夺取农业丰收的关键。迎春祭祀芒神是古代官方鼓励农民春耕的重要习俗。这里的芒神即句芒。《山海经》记载："东方句芒，鸟身人面，乘两龙。"后来演变成了春天骑牛执柳的牧童，亦称"芒童"。自古以来，官府把督农当成是头等大事，于是将立春定为开耕日，举行迎句芒神活动。为了迎接春耕，古时江南地区的人们还清早起来，牵耕牛到野外去遛遛腿，以示春耕开始，叫"耕春"。这种习俗在一些地方一直传承至今。

春神形象

贵州省铜仁市石阡县民俗"石阡说春"是二十四节气代表性传承体验项

目。说春是一种民间传统说唱艺术，意在劝农行耕，祝福风调雨顺、丰衣足食。石阡说春一般在每年立春时开始，春分时结束，说唱内容主要是“二十四个农事节气”“渔樵耕读”等，涵盖历史、地理、人文等方方面面。与说春相随的还有立春鞭春牛这一古老习俗，时至今日，在各民族文化长期交流、融合的过程中，鞭春牛习俗形成了完整的春牛民俗谱系，特别是一些能歌善舞的民族还为春牛民俗注入了更为丰富的活动形式和内容。

古代的秋社时间一般在秋分前后，这是收获的时节。这主要包括尝新祭祀与秋娱活动。社神是土地之神，宋代东京八月秋社日，人们要吃社糕、饮社酒。祖国各地仍有不少地区保留了传统的庆丰收活动，异彩纷呈。广东“佛山秋色”是中国传统丰收节仪的典型。人们以各色收获物进行花车巡游，非物质文化遗产花样米食栩栩如生，令人垂涎。徽州每年农历八月举办“五龙闹中秋”民俗活动，以稻草扎五条香火龙，在宽阔的场地上，自成圆圈，一条居中，四条分居四角，五圈盘旋舞动，逐渐靠拢，象征五个大粮囤，寓意五谷丰登。浙江开化中秋也舞香火龙，用新割下的芋艿杆做骨架，新收获的稻草捆扎，上面插满线香，中秋夜线香点燃，人们舞动香火草龙，从街巷舞到田间，庆贺丰年。以尝新的方式庆祝丰年，是南方山地民族，如仡佬、苗、布依、壮、基诺、景颇、拉祜、傈僳、瑶族等都有的秋季收获的传统民俗。比如，白族在谷物成熟时，从田里收取一些谷穗，做新米饭，大家在一起弹奏、对歌，以酒肉到田地祭祀“天公地母”“五谷神王”，在家里祭祀灶神、列祖列宗。

（2）祭祀先农

《周礼》：“凡国祈年于田祖，龡豳雅，击土鼓，以乐田畯。”《诗经》：“琴瑟击鼓，以御田祖，以祈甘雨，以介我稷黍。”这里的“田祖”被学者考证为炎帝。相传炎帝教人们播种五谷，而稻为五谷之首，后世尊称炎帝为神农。古代帝王、各级官府每年都会举办隆重的祭祀神农（即“祭先农”）仪式，以祈求社稷稳固、国泰民安。

祠先农是重要的祭祀典礼，通过官府的提倡和表率以达到劝农耕、兴农固本的目的。在湖南湘西里耶古城遗址中出了大量的秦简。其中，关于县署“祠先农”的记载有20多枚。这涉及祭祀所供的物品、规

躬耕图

格、祭肉分配等，在一定程度上反映了秦朝官府对农业生产的重视和工作的规范标准。现存的北京明清建筑，诸如天坛、地坛、先农坛，都与祭祀、祈求丰收有关。

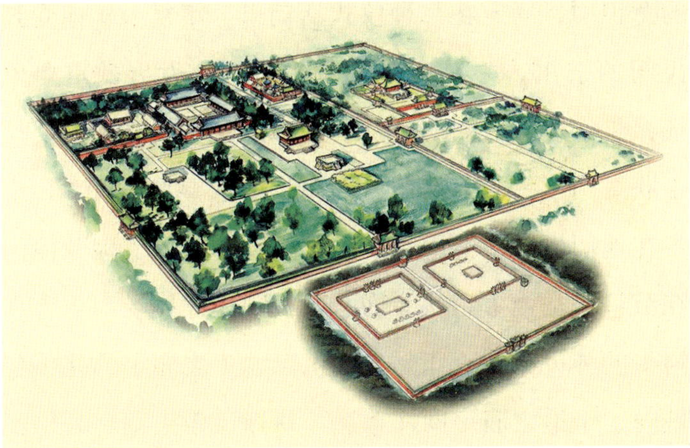

先农坛

2. 稻风民俗

（1）民间稻作农耕习俗

稻作农耕习俗是农家在水稻生产过程中自然形成的礼节仪式。对古人来说，勤劳的生产劳动和虔诚的祭祀仪式都是水稻获得丰收的必要条件。人们把稻视为神和祖先的恩赐，民间有丰富多样的水稻祈福和祭祀仪式。

在稻作区，对于那些影响稻作生产的动物，人们对它们顶礼膜拜，奉若神圣。与稻作农业关系密切的主要崇拜动物有牛、蛇、鸟、蛙、猫、狗等。这些原始崇拜从远古延续到后世，以习俗的形式留存在人们的意识中，固定在某种仪式活动里，年复一年地受到民间的祭祀。牛是农耕文化中生产力发展的重要象征，是许多地区人们崇拜、敬仰的对象，许多民俗与牛联系到了一起。如苗族人因长期从事水稻生产，水牛在他们生产生活中具有非常重要的地位，因此他们在节日时常戴牛角状头饰。龙被视作呼风唤雨与管理河水的神灵，龙王庙是专门供奉龙王之庙宇，几乎与城隍、土地之庙宇同样普遍。每逢风雨失调，久旱不雨，或久雨不止时，民众都要到龙王庙烧香祈愿，以求龙王治水，风调雨顺。龙王庙可谓遍布大江南北的乡村各地。壮族传说认为掌管风雨的是青蛙女神，并把青蛙称为“蚂拐”。蚂拐节一般从大年初一起，至二月初二结束，红水河沿岸壮族村寨通过祭祀蚂拐，祈求年年风调雨顺，岁岁五谷丰登，四季人畜兴旺。

许多民族区域都有举行“开秧门”仪式的习俗。在苗族，每到插秧季节，由寨子里的长老家开始举行“开秧门”仪式。首先把秧苗、茅草以及簸箕模型供在堂屋的神龛上，烧香，向祖先报告秧苗的生长情况，并祈求祖先保佑水稻的丰收。茅草象征水稻的健康生长，而簸箕象征丰收。长老在神龛前摆上米酒、用花草染色的糯米饭、鸡肉等供品。祭拜仪式结束以后，主人和来客一起享用供品。每一位来访者必喝两碗酒。染色的糯米饭具有祛病消灾的功能，是“开秧门”祭祀仪式必备的供品。在家里祭拜祖先后就要到田里“开秧门”。开秧门之前先制作草标。简单的草标由木棍（或竹竿）、芭芒草、稻草等组成。有些制作精良的草标上面还有表示禁忌的白纸、辣椒、石英石等。主人把草标插在稻田的中央，然后在草标周围插上3、5、7或9穴秧苗。最初插的秧苗必须是奇数，而且一定要由主人插上。开秧门仪式结束以后，前来帮工的人们一起插秧。插完秧以后，主人家招待帮工的人们。

白族拥有相当发达的水稻生产技术，插秧节是白族稻作文化的精髓。身穿巫师服装的是“秧官”和“副秧官”。秧官就是插秧节的司仪。盛装打扮的白族妇女们在秧官的号令下齐插秧，插完秧以后洗净腿上的泥巴，这样就能洗净身上的晦气，保证这一年身体健康。

广西龙胜县泗水乡潘内村每年农历五月十四举行“打旗公”仪式。打旗公仪式时，祭拜瑶族祖先神

“盘王”，祈求水稻丰收。打旗公巡游队伍经过每家每户的稻田时，孩童用稻田泥巴追打“旗公”，让“旗公”带走晦气，以保证水稻丰收。

吃新节是中国南方少数民族地区为了庆贺丰收并祈福来年丰收而设置的传统农事节日。大多在农历六月至九月间农作物成熟或农作物即将丰收期间举行。节日期间会举办与少数民族生活相关的活动，如西江千户苗寨的游方、仡佬族的祭祀、侗族的斗牛等活动。

（2）稻米崇拜

稻米作为人们赖以生存的主要果腹之物，受到人们崇拜，体现在人生的各种礼仪中都会用到米。米既是吉祥物，又具有辟邪的神威和生命的能量，而且有时也被赋予魔力与某种礼神的职责。在稻作区的民俗中，稻的这种角色无所不在。

在我国西南一些少数民族地区，每当家族有新生命诞生或是有成员生病，人们就会用水稻来补充生命的元气。在壮族，孩子出生时人们会在墙上装饰“花桥”。“花桥”象征新生命的人生，挂在两端的稻穗和粽子隐喻生命的能量。新生命出生前一个月至三日前的一个吉祥的日子里请鬼师做法事，然后挂“花桥”。每年生日到来时在“花桥”两端挂新的糯稻穗和粽子。“花树”是苗族人的生命树。“栽花树”由地上部的青竹和地面的祭坛组成。青竹上挂白色纸束（表示禁忌）、米袋（从12位亲属处收集来的大米，表示生命的能量）、灯盏、手镯（出生时由12位亲属出钱打制，作护身符）等。祭坛的每一个台阶代表一个人的生命。侗族人每当家里出生婴儿时，在门楣上挂糯稻的穗梗和芭芒草，以此来宣布新生命的诞生，同时防止邪气入内危害新生命，也告诫外人不要随便入内，以免影响婴儿的健康。当出生的是男孩，多挂一条红纸或红辣椒。这种辟邪用的稻草或穗梗必须是糯稻。家里的牲畜繁衍生息时，侗族人也在畜舍的门楣上挂糯稻的穗梗，以此来表示禁忌。

水族是我国古老稻作民族，崇拜“稻魂”。水族人的“稻魂”就是在稻田栖息的一种蜘蛛卵袋，其形似一串苍耳。秋收季节，要到自家稻田寻找“稻魂”，一旦发现就带回家，挂在谷仓祭拜。对水族人来说，“稻魂”为水稻的命根子，只要有“稻魂”，稻谷就会大丰收。

以稻草或稻穗辟邪祈福的习俗是亚洲稻作民族的共同特点，具有文化的同源性。壮族人每当家庭成员的健康出现问题时，就请鬼师做法事、驱邪，祈求早日康复。鬼师做法事时，利用大米占卜，用糯稻的穗梗驱邪。

居住在贵州黔东南丹寨县的苗族人每到苗历新年，就在门楣上面挂“保家”，祈求新的一年全家人的身体健康和稻谷丰收。“保家”是一家人的守护神。挂“保家”时要请鬼师做法事，念咒文，这样“保家”才具有辟邪保平安的功效。“保家”由一束稻穗、常青树枝、红白纸束等组成。“保家”的主角是稻穗，而且用在“保家”上的稻子必须是糯稻。侗族人每当举行重要仪式时，便会在村口挂草绳，以示禁忌。表示禁忌的草绳上还要挂糯稻穗梗和芭芒草，禁止邪气进入村寨。这是古老稻作民族的水稻信仰。侗族人盖新房时，上大梁以后一定要举行挂稻穗仪式，而且所挂的稻穗必须是糯稻。人们相信通过这个仪式，住进新家以后全家人的健康和稻谷的丰收会得到保障，能过上幸福的生活。傣族人在门楣上也挂草绳以及利用竹篾编织的辟邪网片，这种辟邪网片叫做

“De Liao”。草绳和“De Liao”保佑一家人的安康。

在古代稻作民族部落，人们崇巫尚卜，巫傩文化色彩浓郁，并一直延续至今，表现形式也日益丰富，发展为傩舞、傩戏、驱鬼、酬神、超度等法事活动。傩面具是傩文化中傩祭、傩仪中使用的道具，是祛灾纳祥的吉祥象征。傩面具经历了从原始神灵崇拜到娱神、娱人的类型变化，具有宗教艺术的品位和民间艺术的特征。

后记

《生命之源·水稻》的撰写，前后有两年多的时间。许多个静谧的夜晚，我对着电脑屏幕思考，字斟句酌，想着能为向青少年读者介绍水稻知识和农耕文化尽自己的一份力量。有幸邀请到湖南农业大学的陈平平博士与我合著，才最终能够比较安心将稿件发给出版社。

这本书我负责撰写了第一章、第二章、第六章和第七章，陈平平撰写了第三章、第四章和第五章。我在北京科技大学科技史与文化遗产研究院接受了系统的科技史理论学习，大学本科毕业后在文博机构工作，最近几年在隆平水稻博物馆工作，这样的机缘让我拥有了撰写这本书的机会。陈平平老师常年研究水稻，在试验田一线，不管从理论还是技术，都对水稻生物学知识如数家珍。

在书稿的撰写中，我们多次与南京出版社的王雪和杨传兵老师沟通，他们对编辑出版《生命之源·水稻》的敬业和耐心，令人不敢懈怠；同时他们的包容和豁达，也给我们撰写书稿以较为充足的时间。“中国饭碗”丛书主编师高民教授在书稿未成型时，给予了很多建设性的意见，令我们受益颇丰。还有为本书的完稿提供过帮助的多位朋友、业内老师，在此一并表达谢意。

在撰写过程中，我们有很多关于这本书的憧憬，但是由于个人时间还有学识有限，未能一一形成文字。自知书中有不少局限，恳请读者批评指正。

徐　润